Atul Andhare

Monitorização do estado dos rolamentos de elementos rolantes

Atul Andhare

Monitorização do estado dos rolamentos de elementos rolantes

Análise e diagnóstico de vibração de rolamentos de rolos cónicos, utilizando métodos de domínio de tempo e frequência

ScienciaScripts

Imprint

Cover image: www.ingimage.com

This book is a translation from the original published under ISBN 978-3-8383-5794-2.

Publisher:
Sciencia Scripts
is a trademark of
Dodo Books Indian Ocean Ltd., member of the OmniScriptum S.R.L Publishing group
str. A.Russo 15, of. 61, Chisinau-2068, Republic of Moldova Europe
Printed at: see last page
ISBN: 978-620-3-32685-7

Dedicado aos meus pais,

Archana Andhare

(esposa), e

Aditya e Chinmay (filhos)

CONTEÚDO

CAPÍTULO 1 6
CAPÍTULO 2 11
CAPÍTULO 3 41
CAPÍTULO 4 49
CAPÍTULO 5 96

AGRADECIMENTOS

Eu expresso meu profundo senso de gratidão ao meu supervisor de doutorado, Prof. Dhanesh Manik, Professor, Departamento de Engenharia Mecânica, Instituto Indiano de Tecnologia, Bombaim, por sua orientação especializada, encorajamento contínuo e apoio moral durante todo o meu trabalho de doutorado. Estou muito grato ao Director, I. T. Bombay, The Dean, Programas Académicos, The Head, Departamento de Engenharia Mecânica e Prof. U. D. Mallya, Prof. N. Ramakrishnan e Prof. Amitava De, que foram encarregados, do Workshop Central durante o meu trabalho de Doutoramento, por me terem dado a oportunidade de prosseguir o meu Doutoramento em I. T. Bombay e também pelo seu apoio e encorajamento. Também estou muito grato aos meus colegas, Sr. S. Chandrasekariah e Sr. I. H. Bhaldar no Workshop Central, pela sua excelente cooperação durante o meu trabalho de pesquisa.

Os meus agradecimentos especiais a todo o pessoal da Oficina, pela sua ajuda na fabricação do equipamento experimental e ao Dr. B. M. Nandeeshaih, pela sua constante ajuda e cooperação durante a minha experimentação e trabalho de laboratório.

Todo o trabalho não teria sido possível sem o apoio da minha esposa Archana e dos dois filhos Aditya & Chinmay. Por causa do apoio e dos sacrifícios deles, eu poderia dedicar tempo para o meu trabalho de doutorado. Também. Sou grato aos meus pais pelos bons hábitos e atitudes que construíram em mim, que me ajudaram a completar o meu trabalho de doutorado.

Por último, agradeço ao pessoal da biblioteca de I. T. Bombay pela ajuda na aquisição de artigos de jornal e outras ajudas estendidas na biblioteca.

Atul B. Andhare

NOMENCLATURA

C Capacidade dinâmica básica de rolamento, Distância central para o acionamento por correia, constante Rankine

C_o Capacidade estática básica de rolamento

$C(\tau)$ Cepstrum

$Cxx(\tau)$ Cepstrum de energia

D Diâmetro de inclinação dos rolos em rolamento de rolos, Diâmetro da polia maior de acionamento por correia

D_i Diâmetro de furo do rolamento do

elemento rolante

F Transformada de Fourier

F_a Carga axial no rolamento

Fb O pequeno fator de diâmetro para explicar a variação do arco de contato da correia trapezoidal

Fc Fator de correção para a correia V

P_e. Carga radial no rolamento

K Parâmetro normalizado (Razão de rms × pico)

Kb Fator combinado de choque e fadiga aplicado a Mb

Kt Fator combinado de choque e fadiga aplicado ao M_t, fator de concentração de estresse

K_u coeficiente de curtose

L Comprimento nominal da correia

L/r Relação de Slenderness

M Momento de flexão equivalente

Mb Momento de flexão

M_t Momento de torção

N Rotações (rpm), Comprimento do sinal de vibração

P Carga axial no eixo, Carga

equivalente PProbabilidade

Pc Carga de encurvadura

PR Relação de Pico

S Fator de serviço, velocidade da correia

S_k Skewness

T Espessura nominal

X Factor radial

Y Fator de empuxo

Z Nº de bolas ou rolos

d Diâmetro do elemento rolante, Diâmetro do eixo, Diâmetro da polia menor

de Diâmetro de passo equivalente para a correia

dp Diâmetro do passo da polia menor

fb Frequência dos elementos rolantes

fbd Frequência de defeitos dos elementos rolantes

fc Frequência de rotação da jaula

fi Frequencia relativa entre a raça interior e a gaiola

fid Freqüência de defeitos internos da raça

forra gem Frequência de defeitos da raça externa

fs Frequência de rotação do eixo

l Comprimento do eixo sob carga axial

m Integers 1, 2, 3 ....

n Integers 1, 2, 3 ...., Coeficiente de condição final

p Números 0, 1, 2, 3 ....

pdf Função de densidade de probabilidade

r Raio de giração

$x(i)$ Sinal de vibração discreto

xp Valor de pico para vale do sinal de vibração

$xrms$ Valor RMS do sinal de vibração

$\bar{x}$ Sinal de vibração médio

α Fator de ação da coluna

β Ângulo de contacto

$\beta size$ Factor de tamanho

ω Frequência circular

σ Desvio padrão

o_{-1} Tensão limite de resistência na flexão

o_b Tensão de flexão

o_c Força crítica ou de encurvadura

o_y Tensão de rendimento

τ Tensão de cisalhamento

$[\tau]$ Tensão de cisalhamento do design

τ_{-1} Tensão limite de resistência em torção

CAPÍTULO 1

INTRODUÇÃO

Os rolamentos são os elementos de máquinas mais utilizados. Eles permitem o movimento rotativo dos eixos nas máquinas. Estas máquinas podem ser máquinas simples como - bicicletas, patins, motores elétricos, etc., ou máquinas complexas como - laminadores, turbinas a gás, automóveis, etc. Os rolamentos são amplamente utilizados em várias máquinas devido às seguintes vantagens [1]:

- Baixo atrito inicial a velocidades baixas e moderadas.
- As cargas axiais e radiais podem muitas vezes ser absorvidas por uma só unidade.
- Os rolamentos auto-alinhantes podem assumir algum desalinhamento.
- Fiabilidade a longo prazo com unidades bem escolhidas.
- Para condições conhecidas de operação de carga e velocidade, a vida útil de um rolamento pode ser estimada com razoável precisão.
- Os custos de manutenção e lubrificação são baixos. A substituição de rolamentos danificados é fácil. Eixos ou caixas raramente são danificados.
- Limpeza em funcionamento.

Os rolamentos de elementos rolantes são os corações das máquinas rotativas. Qualquer problema no rolamento afeta negativamente o funcionamento das máquinas. Por isso, é importante que os rolamentos durem até a sua vida útil esperada. Os rolamentos de rolos falham devido à fadiga após uma longa utilização e existem diferentes modos de falha. Estas falhas se manifestam como defeitos nos rolamentos. Vários modos de falhas e suas manifestações, como indicado por Tallian [2], são mostrados na tabela
1.1. As falhas podem acontecer de repente e muitas vezes sem aviso prévio. Às vezes, os fracassos podem ser catastróficos. É muito importante que as falhas iminentes nos rolamentos sejam detectadas com bastante antecedência. Porque a detecção precoce de falhas nos rolamentos ajuda no planejamento adequado da substituição dos rolamentos, evitando assim avarias dispendiosas e, além disso, os rolamentos podem ser operados por mais tempo - pelo menos até o fim da vida útil designada. É possível detectar o início da falha do rolamento através do monitoramento da vibração. Portanto, tem sido um tema de pesquisa intensiva ao longo dos anos e o diagnóstico de rolamentos de esferas está bem estabelecido. Todas as máquinas vibram por causa de várias forças dinâmicas. Enquanto as máquinas funcionarem suavemente, o nível de vibração e as características permanecem os mesmos. Durante um período de tempo, as peças da máquina se desgastam e as condições dinâmicas mudam. Isto resulta em mudanças no nível e nas características da vibração. Se medirmos a vibração durante um período de tempo, é possível obter informações sobre as falhas iminentes, notando a mudança em

Tabela 1.1: Modos de falha dos rolamentos, após Tallian [2]

Sr. Não.	Modo de falha	Manifestação
1	Falha no tipo de desgaste	1.1 Remoção da superfície 1.1.1 Remoção de partículas soltas (desgaste) 1.1.2 Remoção de superfície química ou elétrica
2	Fluxo plástico	2.1 Perda de geometria de contato devido ao fluxo frio 2.2 Destruição por material
3	Fadiga de contato	3.1 Cansaço de Spalling 3.2 Aflição da superfície
4	Falhas em massa	4.1 Fissuras por sobrecarga 4.2 Rachaduras por sobreaquecimento 4.3 Cansaço a granel 4.4 Congelamento de superfícies de ajuste 4.5 Mudanças dimensionais permanentes

vibração. Esta é a base para o monitoramento das condições das máquinas com base na vibração. Esta técnica ganhou importância na manutenção preditiva devido às vantagens que tem em relação a outras técnicas de monitoramento de condições. As vantagens da monitorização da condição baseada na vibração são as seguintes:

- É uma técnica não destrutiva.
- Pode ser aplicado a máquinas durante o seu funcionamento normal.
- Dá boas informações sobre a saúde da máquina. Esta técnica pode ser utilizada para obter informações sobre subsistemas, que de outra forma não são facilmente acessíveis.
- Pode ser usado para monitoramento de condições on line.
- Além das vantagens listadas acima, uma razão mais importante para o uso generalizado do monitoramento de vibrações é: os recentes avanços na medição e análise de vibração dos instrumentos devido aos desenvolvimentos em componentes eletrônicos.

1.1 Motivação para o Trabalho Atual

Ao longo dos anos, vários pesquisadores têm usado diferentes tipos de rolamentos para estudar a vibração dos rolamentos para decidir sobre suas características de diagnóstico. A análise de frequência é amplamente utilizada para analisar a vibração dos rolamentos. Isto é principalmente devido à frequências discretas produzidas por diferentes defeitos nos rolamentos. A maioria dos trabalhos relatados na literatura, tem feito uso de rolamentos cilíndricos esféricos ou lisos, para modelagem de vibração de rolamentos ou para experimentos. Portanto, as características de diagnóstico de vibração para rolamentos de esferas ou de rolos cilíndricos estão bem estabelecidas, especialmente em termos de métodos de domínio de frequência. Mas, o mesmo não se pode dizer sobre o diagnóstico de rolamentos de rolos cônicos, pois muito poucos pesquisadores trabalharam com rolamentos de rolos cônicos. Além disso, o trabalho relatado até agora, utilizando rolamentos de rolos cônicos tem se concentrado apenas nas características de freqüência destes rolamentos. Não foi encontrado nenhum relatório, sobre o diagnóstico de falhas em rolamentos de rolos cônicos usando as várias características de domínio de tempo. Além disso, Su & Sheen [3, 4] sugeriram o uso de parâmetros de domínio de tempo em conjunto com a análise de freqüência, para o diagnóstico confiável de falhas em rolamentos de rolos cônicos. Eles também sugeriram o uso de um sistema de decisão baseado em regras para este fim.

Os rolamentos de rolos cônicos têm uma construção diferente dos rolamentos de rolos esféricos ou cilíndricos. A construção dos rolamentos de rolos cônicos e a terminologia é mostrada na Figura 1.1 [5]. O copo (pista externa) e o cone (pista interna com rolos) são separáveis. Todos os elementos da superfície dos rolos e das pistas se interceptam em um ponto comum no eixo do rolamento. A pista interna e os ângulos de contato da pista externa são diferentes. Como resultado, quando o rolamento é carregado, há um componente de força que empurra os rolos cônicos contra os flanges guia. Grande atrito é gerado nos flanges-guia. Portanto, os rolamentos não são adequados para operação em alta velocidade [5]. Os rolamentos de rolos cônicos são utilizados em máquinas onde os eixos são submetidos a uma carga radial ou axial ou a uma combinação de ambos - por exemplo, equipamentos de laminação, fusos de máquinas-ferramenta, caixas de engrenagens de máquinas-ferramenta, automóveis, etc. Como as cargas são suportadas em rolos, estes rolamentos podem suportar cargas mais altas do que os rolamentos de esferas. Durante a montagem, estes rolamentos são montados em pares e a folga é zerada para alcançar um ajuste de linha a linha sem carga [5]. Além disso, estes rolamentos são frequentemente pré-tensionados, ou seja, a folga é negativa. De acordo com Sunnersjö [6], para rolamentos com folga negativa ou folga zero com número uniforme de esferas/ roletes, a rigidez da unidade de rolamento não varia durante a rotação, e eles não sofrem vibração de conformidade variável. Este tipo de vibração está presente em rolamentos com folga positiva, tais como - rolamentos de esferas ou roletes lisos. Além disso, a detecção de defeitos em rolamentos de rolos cônicos é relatada como sendo mais difícil em comparação com rolamentos de esferas ou de rolos [3, 4, 7, 8].

Em vista das amplas aplicações dos rolamentos de rolos cônicos, diferenças no seu design, dificuldade no diagnóstico de defeitos e menor quantidade de trabalho relatado utilizando-os, foi planejado trabalhar no monitoramento de vibrações e no diagnóstico de falhas dos rolamentos de rolos cônicos.

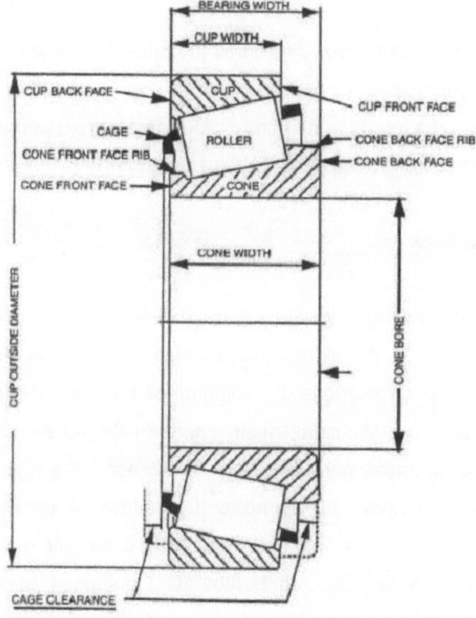

Figura 1.1: Construção do rolamento de rolos cônicos [5]

1.2 Âmbito do trabalho

Como descrito na secção anterior, verificou-se que não existe nenhum estudo que tenha tido uma visão abrangente dos vários métodos de domínio de tempo e frequência para monitorização e diagnóstico de vibrações em rolamentos de rolos. Além disso, também foi observado que muito poucos estudos têm usado rolamentos de rolos cônicos. Por isso, foi decidido trabalhar no monitoramento e diagnóstico da vibração dos rolamentos de rolos cônicos de acordo com o seguinte plano.

- Projetar e fabricar uma configuração experimental para testar diferentes rolamentos de rolos cônicos para obter as características de vibração.
- Para testar diferentes rolamentos de rolos cônicos sem defeitos para características de vibração em diferentes velocidades e cargas.
- Para testar os rolamentos de rolos cônicos defeituosos pelas suas características de vibração.

- Para comparar as características de vibração dos rolamentos de rolos cônicos sem defeitos e com defeitos, para fins de diagnóstico, utilizando vários domínios de tempo e frequência

  técnicas como: forma de onda, valor de pico, nível RMS, curtose, cepstrum, análise do espectro, etc.
- Para comparar a eficácia dos diferentes métodos de monitorização e diagnóstico de vibração dos rolamentos de rolos cônicos.
- Para preparar uma interface de computador para processamento e diagnóstico de sinais de vibração de rolamentos de rolos cônicos.

1.3 Organização da Tese

O Capítulo 2 faz uma revisão da literatura disponível sobre monitoramento de vibrações e diagnóstico de rolamentos de elementos rolantes. As causas de vibração, tipos de defeitos e características de vibração dos rolamentos em geral e dos rolamentos de rolos cônicos em particular, são discutidas neste capítulo. Segue-se uma breve revisão das várias configurações utilizadas para os testes de vibração dos rolamentos e da interface com computadores disponíveis na literatura. O Capítulo 3 descreve a concepção da configuração experimental e dos instrumentos utilizados durante o presente trabalho, para a monitorização da vibração dos rolamentos. O Capítulo 4 apresenta os resultados obtidos e a discussão destes resultados, seguida da descrição da Interface com Computador desenvolvida para a detecção de falhas nos rolamentos. O Capítulo 5 resume o trabalho realizado e as conclusões que foram tiradas, com base nos experimentos realizados. Eventuais extensões do presente trabalho também são discutidas neste capítulo.

CAPÍTULO 2

REVISÃO DE

LITERATURA

2.1 Introdução

Os rolamentos de elementos rolantes são uma fonte de vibrações nas máquinas. Eles geram vibração devido às suas características construtivas. Como a condição dos rolamentos muda durante o uso, a natureza das vibrações também muda e tem características definidas, dependendo da causa. Esta característica dos rolamentos os torna adequados para o monitoramento da vibração. Para diferenciar entre várias causas de vibração em uma máquina, é importante que suas características de vibração do rolamento sejam conhecidas. Embora o presente trabalho trate de rolamentos de rolos cônicos, é necessário estudar a vibração dos rolamentos em geral, já que existem muitas semelhanças entre rolamentos de esferas/rolos e rolamentos de rolos cônicos. Este capítulo faz uma revisão da literatura disponível sobre monitoramento de vibrações e diagnóstico de falhas dos rolamentos de rolos. Para começar, são discutidas as causas das vibrações dos rolamentos, seguidas de discussões sobre técnicas de monitoramento de vibrações e tipos de defeitos nos rolamentos. A parte posterior discute as características das vibrações dos rolamentos em geral e as dos rolamentos de rolos cônicos em particular, uma vez que é o tema desta pesquisa. Segue-se uma breve revisão das várias plataformas de teste de rolamentos mencionadas na literatura. Finalmente, é discutida uma interface de computador disponível na literatura para o processamento de sinais de rolamentos. Esta interface foi estendida ao diagnóstico de rolamentos de rolos cônicos nesta dissertação.

2.2 Causas de Vibração em Rolamentos de Rolos

O rolamento de elementos rolantes atua como um elemento estrutural e também como gerador de vibrações em uma máquina. As várias causas de vibração nos rolamentos são discutidas nos parágrafos seguintes [5, 9].

2.2.1 Variação na Rigidez

O rolamento de elementos rolantes gera vibrações devido a mudanças na rigidez, mesmo que seja geométrica e elasticamente perfeito. A rigidez do rolamento aumenta com o aumento da carga, ou seja, o rolamento é uma mola de endurecimento e a mola do rolamento é não-linear. Como o número finito de corpos rolantes é utilizado no rolamento e o número de corpos rolantes em

a zona de carga muda com a rotação da gaiola, a rigidez total do conjunto de rolamentos muda periodicamente. Como resultado disto, a vibração periódica é induzida quando o eixo gira a uma velocidade constante.

A vibração devida à variação de rigidez também é chamada de vibração de conformidade variável. Sunnersjö [6] e While [10] têm investigado este tipo de vibração. A complacência variável pode dar origem à vibração radial e axial do eixo apoiado no rolamento. Sunnersjö [6] estudou e verificou esse fenômeno de vibração radial de rolamentos com carga radial com folga positiva. Ele concluiu que, devido à variação da vibração de conformidade, o centro do eixo devido à variação da rigidez de montagem sofre um deslocamento cíclico com um período de tempo igual ao tempo de passagem dos rolos. As equações dos movimentos dadas pela Sunnersjö indicam que não haverá variação da vibração de conformidade para rolamentos com folga negativa e para rolamentos com folga zero e até mesmo número de esferas/ roletes. Como os rolamentos de rolos cônicos são montados em pares e a folga é feita zero para alcançar um ajuste linha a linha sem carga [5], ou a folga é negativa devido à pré-carga, não é provável que esses rolamentos sofram vibração de conformidade variável.

2.2.2 Irregularidades superficiais de superfícies de rolamentos

As imprecisões de fabricação e geométricas das superfícies de rolamento causam variações periódicas nas forças de contato, que resultam na vibração do rolamento. Quando o rotor gira no rolamento, ele oscila devido à variação das forças de contato no rolamento. Esta é a vibração cinemática do eixo no rolamento do elemento rolante. As freqüências das características são excitadas, dependendo da superfície sobre a qual as imprecisões estão presentes. Quando a carga varia, a vibração em outras freqüências é excitada no rolamento. Essas freqüências são as harmônicas e as combinações de soma e diferença das freqüências características.

2.2.3 Pulsos de Choque Devido ao Filme Lubrificante

Os pulsos de choque são ondas de pressão transitórias que são geradas em todos os rolamentos de corpos rolantes devido à variação da espessura da película lubrificante. A intensidade e o padrão dos impulsos de choque dependem - i) da espessura da película lubrificante entre os elementos rolantes e as pistas e ii) da condição mecânica das superfícies de rolamento. A maioria dos rolamentos falha porque os corpos rolantes e as pistas não estão devidamente separados por uma película lubrificante de protecção [11].

Quando uma camada de lubrificante no rolamento é interrompida, são produzidas ondas de choque. Estas ondas são periódicas na natureza e excitam dois tipos de vibrações no rolamento. Primeiro, as oscilações forçadas excitadas pela frente principal do pulso de choque.

Segundo, as oscilações naturais amortecidas, que vêm depois do primeiro tipo. As oscilações forçadas produzem componentes em uma ampla gama de freqüências.

2.2.4 Forças de Atrito

As forças de atrito nos rolamentos são um conjunto de pulsos de choque curtos distribuídos aleatoriamente no tempo, duração e forma e excitam a vibração nos rolamentos. Quando a superfície de rolagem passa por uma camada de lubrificante, os pulsos gerados pelos choques são suavizados. As forças de atrito são diretamente proporcionais à velocidade de movimento do elemento rolante no rolamento.

2.2.5 Forças de Oscilação do Rotor

As forças de oscilação do rotor aplicadas ao rolamento também excitam o rolamento que resulta em vibração. O rotor oscila, quando a folga do rolamento é excessiva. As forças de fricção perturbam a posição de equilíbrio do rotor e fazem com que este oscile em torno da posição original. A frequência de oscilação é geralmente menor que a frequência de rotação e é determinada pelas características do rotor e pela folga do mancal. Como o rotor está sujeito a outras forças de oscilação, estas forças sincronizam-se com as oscilações do próprio rotor. A frequência de auto oscilação geralmente coincide com metade da frequência do eixo (1/2 *fs*) ou duas vezes a frequência da gaiola (*2fc*).

2.2.6 Interação com Outros Componentes

Por vezes, a vibração do rolamento afecta a vibração de outras peças da máquina. Por exemplo, a vibração do rotor causada pela irregularidade do rolamento causa variações na folga do estator e do rotor num motor eléctrico. Estas variações excitam forças adicionais e vibrações no mancal.

2.3 Defeitos em rolamentos de esferas

Vários defeitos nos rolamentos causam vibrações. Por isso, é necessário conhecer os defeitos nos rolamentos para compreender o seu comportamento vibratório. Discussões detalhadas sobre os modos de falhas dos rolamentos estão disponíveis em livros padrão sobre rolamentos [1, 5]. A Tabela 1.1 também resumiu os modos de falhas e suas manifestações. No que diz respeito às características de vibração, os defeitos nos rolamentos são classificados em dois tipos, ou seja, defeitos distribuídos e defeitos localizados.

2.3.1 Defeitos Distribuídos

Estes também são chamados de imperfeições geométricas ou erros de fabricação. Estes defeitos estão presentes em toda a unidade de rolamento. Defeitos como corridas desalinhadas, elementos de rolamento fora de tamanho, rugosidade da superfície, ondulação e fora da circularidade das corridas & esferas ou rolos estão nesta categoria. Estas características são classificadas em relação aos seus comprimentos de onda em comparação com as larguras de contato hertzianas dos corpos rolantes e contatos de pista. Se as características de superfície tiverem comprimentos de onda menores ou iguais à largura de contato hertziana, elas são chamadas de rugosidade de superfície. As características de comprimento de onda mais longo são chamadas de ondulação [12]. Tais defeitos resultam em maiores forças de contato causando fadiga e falha prematura da superfície.

2.3.2 Defeitos Localizados

Estes defeitos estão presentes em um local específico no rolamento. Defeitos como respingos, fissuras, fissuras, fendas, brinelling, etc. estão nesta categoria. Estes defeitos ocorrem devido à fadiga nas superfícies de contato. As técnicas de monitoramento de vibrações têm como objetivo rastrear o início de defeitos localizados.

2.4 Rolamento de esferas Regiões de sinal de vibração

Para o monitoramento do estado vibratório dos rolamentos, existem três regiões de freqüência diferentes [13]. Estas regiões de freqüência são as seguintes.

2.4.1 Região de Vibração do Rotor

Estas vibrações ocorrem normalmente na faixa de 1/4 a 3 vezes a velocidade de rotação do eixo. Estas são melhor medidas em termos de velocidade ou deslocamento. Como as velocidades normais de operação das máquinas estão na faixa de 1200 a 3600 RPM, estes sinais são encontrados na faixa de freqüência de 10 a 500 Hz. Muitas falhas nos rolamentos são devidas a avarias relacionadas com o rotor, como desequilíbrio, desalinhamento, etc. Portanto, é necessário monitorar os dados de vibração nesta região.

2.4.2 Região Prime Spike

Todos os rolamentos geram frequências de vibração características com base na geometria, número de corpos rolantes e velocidade. A Prime Spike Region cobre as frequências que são geradas pelos elementos rolantes que atravessam uma pista interna ou externa com defeito de pista. Isto também é chamado como região de passagem de elementos. A taxa de passagem dos elementos é a taxa na qual os elementos rolantes passam um ponto na pista interna ou na pista externa. A faixa de freqüência normalmente inclui freqüências de 1 a 7 vezes a taxa de passagem do elemento (150 Hz a 2,5 kHz). A vibração nesta região pode ser medida tanto em termos de velocidade como de aceleração. Como 90 % dos rolamentos falham devido a defeitos na pista, o monitoramento da vibração nesta região é muito importante para o diagnóstico de defeitos nos rolamentos.

2.4.3 Região de Alta Frequência

Quando um defeito se desenvolve em um rolamento, ele gera pulsos curtos e agudos de vibração. Estes são os sinais de alta freqüência na faixa de 5 kHz a 25 kHz. A vibração nesta região é produzida pelo efeito de anel de vedação da caixa do rolamento. As entradas que causam este zumbido são submersas na região de baixa frequência. Os sinais nesta região podem dar um aviso muito precoce de falhas nos rolamentos e outras informações sobre as condições da máquina, por exemplo, fricções, ruído das engrenagens, etc.

2.5 Fases de falha dos rolamentos

Um rolamento passa por três fases de falha. Cada etapa tem características de vibração únicas. Isto significa que cada estágio precisa de monitoramento específico ou técnica de diagnóstico. Os três estágios de falha são discutidos abaixo.

2.5.1 Pré-Failure

Esta é a fase inicial ou a primeira fase de falha dos rolamentos. O rolamento desenvolve fissuras na linha do pêlo ou fissuras microscópicas. Estas fissuras ou espigões não são visíveis ao olho humano. Quando as rachaduras ou manchas se iniciam, haverá um aumento da vibração de alta freqüência produzida pelo rolamento. A temperatura e a vibração na Região Prime Spike (Secção 2.4.2) não mostram nenhuma alteração significativa. O rolamento tem que ser monitorado de perto assim que a pré-falha for indicada pela medição da vibração.

2.5.2 Falha

Nesta fase, o rolamento desenvolve fissuras ou fissuras que são visíveis ao olho humano. O rolamento produz um som audível e a temperatura também aumenta. As amplitudes de vibração na região do pico principal aumentam significativamente. Esta etapa indica que o rolamento deve ser substituído.

2.5.3 Perto de Catastrophic / Catastrophic Failure

Esta é a última fase do fracasso. Esta fase é o início de uma rápida falha de rolamento. O ruído audível produzido pelo rolamento aumenta significativamente e a temperatura também

aumenta. O rolamento fica sobreaquecido. Devido ao desgaste rápido, as folgas dos rolamentos aumentam. Isto resulta em movimentos significativos do eixo em relação ao rolamento. A região de vibração Prime Spike mostra um aumento nos níveis de amplitude. A amplitude de vibração de alta freqüência diminui e o sinal pode parecer semelhante ao estágio de pré-falha.

2.6 Técnicas Utilizadas para Monitorização das Vibrações

Os métodos de monitoramento de vibrações são basicamente divididos em métodos de domínio de tempo e frequência. Recentemente, métodos como a técnica de transformação wavelet estão sendo usados para monitoramento de vibração e diagnóstico de rolamentos. Os parágrafos seguintes descrevem brevemente estas técnicas.

2.6.1 Métodos do Domínio do Tempo

Um sinal de tempo ou forma de onda de vibração pode ser analisado de diferentes maneiras. Os vários parâmetros e algoritmos para computar o mesmo são discutidos abaixo: Nas definições seguintes, x(i) é um sinal de vibração discreto com comprimento N e média $\bar{x}$.

1) Pico ao vale:

Pico a vale é a diferença entre o valor máximo e mínimo do sinal de tempo dado por [14],

$$xp = \text{máximo } (x(i)) - \min (x(i))$$

Espera-se que aumente com o início do defeito de um rolamento, mas mesmo um único pico de ruído pode afetá-lo seriamente. Além disso, ele é afetado pela velocidade de operação e carga. Portanto, ele não é um indicador confiável de defeito em rolamentos.

2) Raiz Quadrado médio ou valor

RMS: O valor RMS é dado por [14],

$$x_{rms} = \sqrt{\frac{1}{N}\sum_{i=1}^{N}[x(i) - \bar{x}]^2}$$

Em geral, o valor RMS da vibração é menor para um rolamento sem defeitos do que o valor RMS em um rolamento defeituoso. Ele não é sensível a defeitos na fase inicial de danos no rolamento. O nível RMS aumenta com o aumento do tamanho do defeito. Quando o tamanho do defeito se torna demasiado grande, o nível de vibração RMS desce. Portanto, não é um indicador confiável de um defeito no rolamento. As condições de operação também afetam o nível RMS e isso

técnica não é capaz de fornecer informações sobre a localização do defeito. O uso apenas do nível RMS para diagnóstico pode resultar em falso diagnóstico e o erro no diagnóstico pode chegar a 60 a 70 % [15].

3) Factor de crista:

O fator de crista é a razão entre o valor de pico e o valor RMS do sinal de vibração dado por,

$$\text{Factor de crista, } Fc = \frac{Xp}{Xrms}$$

É expressa como uma simples razão ou em decibéis [14]. Como o rolamento se desgasta, os níveis de pico de aceleração aumentam muito mais rapidamente do que o aumento dos níveis de RMS - devido aos impulsos gerados pelo defeito do rolamento. Assim, há um aumento do fator de crista com a deterioração da condição do rolamento. Fatores de crista na faixa de 4 a 6 indicam o funcionamento normal do rolamento, enquanto, fatores de crista acima de 6 indicam falhas nos rolamentos [16]. O valor máximo do fator de crista pode chegar até 12. Os fatores de crista de nível médio geralmente indicam desgaste, problemas de lubrificação ou perda de folga em rolamentos moderadamente desgastados. Valores baixos do fator de crista geralmente indicam vibração de outras fontes que não o rolamento ou interferência. A perda de folga em rolamentos novos também pode produzir sinais de fator de crista relativamente baixo. [14]. Karimi et al. [17] propuseram um fator de crista modificado, ao invés do fator de crista como definido acima. No fator de crista modificado, é usada a média de picos máximos acima de um determinado limite, em vez de um único valor de pico. Assim, o fator de crista modificado torna-se mais confiável do que o fator de crista convencional.

4) Fator de forma:

O fator de forma é a razão entre RMS e o valor médio do sinal de vibração [18] dado por,

$$\text{Fator de forma, } Ff = \frac{Xrms}{X}$$

Para a análise de vibração do rolamento, o uso do fator de forma não foi relatado. Porque, devido a danos no rolamento, quando o nível de vibração aumenta, tanto o valor RMS como o valor médio de vibração aumentam simultaneamente. Portanto, sua relação (fator de forma) pode não mudar significativamente para indicar um defeito no rolamento. Para um simples fator de forma de movimento harmônico é 1,11 [19]. O sinal de vibração de um rolamento sem defeitos é aleatório & Gaussiano e seu fator de forma é provável que seja maior que 1,11.

5) Parâmetro K normalizado:

O parâmetro K é definido como a razão entre o produto do valor RMS e o valor de pico a zero ou condição de referência para o produto do valor RMS e o valor de pico em condições reais.

$$K = \frac{xp\,0 \times xrms\,0}{xp \times xrms}$$

Este parâmetro foi proposto por Sturm e Kinsky [15] para superar algumas das limitações na utilização dos parâmetros - pico a nível de vale e RMS para fins diagnósticos. Este parâmetro foi considerado mais adequado para fins de diagnóstico. Há cinco regiões características marcadas para o parâmetro K, como mostrado na Tabela 2.1. Na região I, K é mais de 1 e indica uma boa condição de rolamento. A região II, tem valores de K entre 1 & 0.5 e mostra perfeitas condições de funcionamento dos rolamentos. A Região III, com valores de K entre 0,5 e 0,2 é caracterizada pela influência de fatores que causam danos. Estes fatores são: lubrificação insuficiente, fricção da gaiola com elementos de rolamento, impacto de materiais estranhos, etc. A Região IV tem K entre 0,2 e 0,02. Esta é a região de danos visíveis no rolamento. A quinta região com K inferior a 0,02 indica a última fase de falha do rolamento e o rolamento precisa ser substituído se cair nesta região.

6) Função densidade de probabilidade (pdf):

A função de densidade de probabilidade é definida por [14],

pdf, $P(x \leq x(i) \leq (x + \Delta x) = \frac{\text{No. of } x(i) \text{ between } x \text{ and } x+\Delta x}{N}$

O sinal de aceleração da vibração do rolamento é aleatório na natureza e segue a distribuição gaussiana [20, 21]. A mudança da distribuição gaussiana é medida por parâmetros como a inclinação e curtose, que são discutidos posteriormente. Foi proposto por Dyer e Stewart [22] que surpreendentemente rolamentos rolantes daria distribuição não gaussiana pdf e se o pdf da aceleração normalizada para o seu desvio padrão foi obtido, a forma da distribuição poderia indicar danos ao rolamento. Mas, foi encontrado

por Mathew e Alfredson
[21] que a técnica tem aplicação limitada para fins diagnósticos.

Tabela 2.1: Regiões do Parâmetro K [15]

Valor de K	Região	Condição de Rolamento
Mais de 1	I	Melhoria das condições de funcionamento
Entre 1 e 0,5	II	Condições perfeitas de funcionamento
Entre 0,5 e 0,2	III	Condições que causam danos
Entre 0,2 e 0,02	IV	Condições de dano desenvolvidas
Menos de 0.02	V	Fase de falha completa

7) Skewness:

Skewness é o terceiro momento do sinal de tempo, normalizado em relação ao cubo de desvio padrão, dado por [12, 20, 23],

$$S_K = \frac{\frac{1}{N}\sum_{i=1}^{N}[x(i) - \bar{x}]^3}{\sigma^3}$$

Skewness relaciona-se com a posição do pico da função densidade de probabilidade em relação ao valor médio. Ela caracteriza o grau de assimetria de uma distribuição em torno de sua média. A assimetria positiva indica uma distribuição com uma cauda assimétrica estendendo-se para valores mais positivos; a assimetria negativa indica uma distribuição com uma cauda assimétrica estendendo-se para valores mais negativos; a assimetria é zero quando a distribuição é simétrica em relação à média. Como a distribuição obtida do sinal de vibração do rolamento do elemento rolante danificado ou não danificado é quase simétrica, a assimetria é quase zero e, portanto, não é útil para o diagnóstico do rolamento. Honarvar & Martin [20, 23] sugeriram o uso do sinal de vibração retificado para obter valores não nulos de momentos ímpares como a inclinação, mantendo o mesmo valor para momentos pares como a curtose. A rectificação é feita tomando valores apenas no lado positivo do valor médio do sinal. Praticamente isto é conseguido removendo o turno DC e depois tomando a transformada Hilbert do sinal. A distorção do sinal retificado é relatada como sendo útil no diagnóstico de defeitos dos rolamentos [20, 23]. Para um rolamento sem defeitos, o enviesamento do sinal de vibração retificado foi de cerca de 1,6. Além disso, o enviesamento do sinal retificado é menos sensível a picos de ruído e, portanto, torna-se um indicador mais confiável do que a curtose para a detecção de defeitos.

8) Curtose:

A curtose é o quarto momento de distribuição de probabilidade. É dada por [14],

$$K_u = \frac{\frac{1}{N}\sum_{i=1}^{N}[x(i) - \bar{x}]^4}{(x_{rms})^4}$$

Este é um parâmetro estatístico relacionado com o pico de distribuição da amplitude de vibração. O princípio básico por detrás do uso da curtose é a maior sensibilidade dos momentos de maior área às caudas das curvas de distribuição. A curtose é calculada após a filtragem do sinal. A banda de freqüência do filtro é selecionada para cobrir as ressonâncias dos rolamentos devido a impactos produzidos por defeitos. Como a superfície de rolamento é danificada, a distribuição de probabilidade não permanece gaussiana e o valor da curtose aumenta devido aos impulsos periódicos no sinal de vibração. Um bom rolamento deve ter um valor de curtose de 3 (±8%). medida que o rolamento se desgasta, o número e a magnitude dos impulsos no sinal de vibração aumentam. Valor

de curtose mais de 3 indica que o rolamento está danificado [20, 22, 23]. O valor de curtose pode aumentar até 100 para rolamentos defeituosos, se a banda de frequência seleccionada coincidir com uma ressonância da estrutura. Se o defeito aumentar além de um certo limite, o valor de curtose cai novamente [16, 24]. É independente da carga e velocidade e é relatado como um bom indicador para monitoramento de rolamentos - particularmente em eixos de baixa velocidade.

9) <u>Análise Cepstrum</u>:

Cepstrum é uma transformação Fourier inversa do logaritmo de um espectro que é definido matematicamente como [25],

$$C(\tau) = F\text{-}1\ \{\log [X(f)]\}$$

onde: $X(f) = F[x(t)] = A(f) \exp [j\, \varnothing (f)]$ em termos de amplitude e fase, para que:

$$\log [X(f)] = \log [A(f)] + j\, \varnothing (f)$$

Quando *X (f)* é complexo, o cepstrum é um cepstrum complexo. Em um cepstrum complexo, o log *[A(f)]* é par e *Ø (f)* é estranho e o cepstrum é realmente valorizado. Quando o espectro de potência é utilizado em vez do espectro *X(f)*, o cepstrum é chamado de cepstrum de potência ou cepstrum real dado pela equação abaixo. O cepstrum de potência é uma versão em escala do complexo cepstrum onde a fase do cepstrum é definida como zero.

$$Cxx(\tau) = F\text{-}1\ \{2 \log [A(f)]\}$$

Cepstrum é uma função da variável independente quefrency, que tem dimensões de tempo. O Cepstrum tem a vantagem de poder detectar harmónicos periódicos mesmo que estes estejam submersos em ruído. A análise do Cepstrum identifica os harmónicos periódicos dentro do espectro. Uma outra vantagem do cepstrum é que, devido à adição logarítmica, ele pode separar os efeitos da fonte e do caminho de transmissão - ao eliminar o caminho de transmissão, ele pode dar indicação direta da vibração gerada pelos rolamentos. Ele pode ser útil em todas as três fases de monitoramento da condição, ou seja, detecção de falhas, diagnóstico e prognóstico. A limitação desta técnica para uso no diagnóstico de falhas em rolamentos é que ela só funciona bem quando a falha gera harmônicas discretas no espectro.

2.6.2 Métodos de Frequência-Domínio

1) Análise do Espectro:

Esta é a técnica mais amplamente utilizada para o monitoramento da vibração dos rolamentos. Um sinal de vibração é representado pelos seus componentes de frequência através da aplicação da transformada de Fourier ao sinal de tempo. É obtido o gráfico de amplitude vs. frequência (espectro de amplitude) ou quadrado de amplitude vs. frequência (potência ou auto-espectro,). Os picos de frequência são então

espectral de potência envolvida. O princípio básico é que, quando um defeito em um rolamento de um elemento rolante faz contato sob carga com outra superfície no rolamento, um impulso é gerado. Esse impulso é de muito curta duração em comparação com o intervalo entre os impulsos. Portanto, sua energia é distribuída em um nível muito baixo na faixa de baixa freqüência. O impulso excita alguma ressonância no sistema a frequências muito mais altas (por exemplo, frequências da caixa do rolamento) do que as frequências geradas pela vibração de outros elementos da máquina. Isto resulta na concentração de alguma da energia em uma banda de ressonância estreita, que pode ser facilmente detectada. A freqüência de ressonância pode ser correlacionada com defeito no rolamento através da comparação com a freqüência característica do rolamento.

A detecção de envelopes é obtida por métodos digitais ou analógicos [28]. Na detecção de envelope, um sinal de vibração é filtrado por banda e depois feito para passar por meia onda ou retificador de onda completa, seguido por um circuito de alisamento de pico de retenção. A saída do circuito de suavização de pico de retenção é o sinal envolvente [26]. Este processo também pode ser alcançado através da filtragem digital e, em seguida, tomando a transformada Hilbert do sinal. O sinal envelopado é então utilizado para obter o espectro de potência. O HFRT oferece as seguintes vantagens:

- O uso de filtro de passagem de banda elimina o ruído de fundo.

- A análise de alta frequência não é necessária, uma vez que apenas o envelope do sinal é importante.
- É possível determinar as freqüências de impacto do defeito e correlacioná-las com as freqüências de defeitos dos rolamentos característicos.

O HFRT tem certas limitações também, conforme indicado abaixo [29, 30, 31]:

- Precisa de hardware adicional sob a forma de um detector de envelopes.
- Para decidir a banda de frequência de ressonância da caixa de rolamentos para a filtragem do passe da banda, é necessário realizar uma série de testes de impacto. Isto requer instrumentos adicionais como martelo de impacto, pontas, etc., o que requer mão de obra especializada.
- Produz um espectro confuso, com muitas linhas espectrais adicionais, para um rolamento com defeitos na pista interna ou nos elementos rolantes.
- Quando os danos nos rolamentos se tornam grandes, o padrão das linhas espectrais se torna mais confuso.
- É útil para identificar defeitos apenas na raça exterior.

Para obter mais amplitudes na freqüência dos defeitos nos espectros envolvidos, K. F. Martin &

P. Thorpe [32] propôs o uso de espectros de envelope normalizados para o diagnóstico de defeitos nos rolamentos. Basicamente, esta é uma divisão dos valores de amplitude, freqüência por freqüência, do rolamento defeituoso pelos valores correspondentes de rolamento livre de defeitos. Mas, esta técnica tem aplicação limitada, pois, com danos avançados, as freqüências dos defeitos podem ficar submersas no nível de fundo crescente do espectro [12].

2) <u>Relação de picos</u>:

A razão de pico (PR) é definida como a soma dos valores de pico da freqüência de defeitos e harmônicas sobre o valor médio do espectro [33].

$$PR = \frac{N \sum_{j=1}^{n} P_j}{\sum_{i=1}^{N} A_i}$$

Aqui, *Pj* é o valor de amplitude do pico localizado na freqüência e harmônica do defeito, *Ai,* é a amplitude em qualquer freqüência e *N* é o número de pontos no espectro. O número de harmónicos no espectro, *n,* é encontrado tomando a razão entre a frequência máxima para o espectro analisado e a frequência do defeito característico. É uma relação sem dimensões que pode ser determinada para rolamentos danificados e não danificados, que pode ser usada para indicar a presença de um defeito.

Todas as técnicas discutidas até agora têm certos méritos e deméritos para o monitoramento das condições de suporte. Não existe uma técnica única que seja a melhor para todas as aplicações. É importante descobrir uma técnica adequada para determinado tipo de falhas nos rolamentos. Neste trabalho, todas estas técnicas são comparadas pela sua eficácia no monitoramento da condição dos rolamentos de rolos cônicos.

2.6.3 Tendências Recentes

Para superar as limitações no domínio das técnicas de tempo e freqüência, novas técnicas estão sendo experimentadas por diferentes pesquisadores para o monitoramento da vibração dos rolamentos e

diagnósticos. Estes são: Transformações de Wavelet, Análise de Bicoherence, Melhorador de Linha Adaptativa, etc. Descobre-se que a ênfase está na aplicação da transformação Wavelet ao monitoramento da condição dos rolamentos. O parágrafo seguinte apresenta uma breve introdução a esta técnica.

Análise Wavelet:

Na técnica de análise wavelet, um sinal de vibração é decomposto em uma série de funções básicas locais chamadas wavelets [34, 35]. A transformação wavelet tornou possível o trabalho no domínio da frequência do tempo. Ela dá boa resolução de tempo em altas freqüências e pode identificar o instante em que os transientes estão ocorrendo [36]. Esta técnica é aplicável tanto para sinais estacionários como para sinais não estacionários. A existência de falhas nos rolamentos pode ser revelada por um aumento da energia de vibração na faixa de baixa freqüência utilizando uma fina resolução na freqüência, e o aparecimento de impactos na faixa de alta freqüência. As causas de falhas no rolamento podem ser identificadas nesta faixa de alta freqüência com uma resolução fina no tempo [31]. Basicamente, são utilizados dois tipos de ondulações. Eles são, Transformada de onda contínua (CWT) e Transformada de onda discreta (DWT). Transformada Wavelet é uma decomposição em tempo de escala

de um sinal temporal *x(t)* em componentes que são localizados no tempo, e é definido por [31].

$$Wx(a, b) = \int_{-\infty}^{+\infty} x(t)\, \psi^{*}_{a,b}(t)\, c$$

onde,

$\psi^{*}_{a,b}(t)$ é o complexo conjugado de, $\psi_{a,b}(t)$ que é uma onda de mãe escalonada e deslocada

função dada como, $\psi_{a,b}(t) = \frac{1}{\sqrt{a}}\, \psi\left(\frac{t-b}{a}\right)$

Aqui, a > 0 é o parâmetro de escala e b é um parâmetro de tradução ou de mudança de tempo. Usando diferentes valores de *a* e *b*, uma família de wavelets escalonados e deslocados pode ser criada.

O fator, 1, é utilizado para garantir que a energia das versões escalonadas e deslocadas seja a $\sqrt{a}$

como a onda mãe. Há muitos tipos de funções wavelet disponíveis para uso como Harr, Daubechies, Gaussian, Meyer, Mexican Hat e funções Morlet. Estas podem ser usadas com o CWT ou com o DWT. Tse [31] recomendou o uso de transformador wavelet contínuo para monitoramento de condições baseado em vibração, já que a resolução é maior em comparação com o tipo diádico de wavelet. A literatura mostra que diferentes pesquisadores têm usado ou CWT ou DWT com uma das ondas mãe, como mencionado acima, para aplicação da análise wavelet no diagnóstico de falhas em rolamentos. Embora a técnica de transformação wavelet não seja utilizada nesta tese, esta técnica pode ser aplicada para encontrar sua eficácia no diagnóstico de defeitos em rolamentos de roletes cônicos.

2.7 Características de Vibração dos Rolamentos de Elementos Rolantes

Os rolamentos de elementos rolantes são compostos por corrediça interna, corrediça externa, gaiola e esferas ou roletes. As formas destas peças têm sempre algumas imperfeições geométricas e irregularidades superficiais, que são tratadas como defeitos. Um defeito no rolamento pode estar em qualquer uma das peças mencionadas. Os defeitos podem ser de ponto único ou de pontos múltiplos. Os defeitos podem estar sobre a mesma peça ou podem estar sobre peças diferentes. Os rolamentos estão sujeitos a cargas radiais, axiais ou combinadas. Isto significa:- várias combinações de defeitos são possíveis sob um determinado tipo de carga. Vários pesquisadores têm trabalhado nesses defeitos, considerando tanto a carga radial como a axial. Além disso, diferentes fatores têm influência diferente sobre a vibração do rolamento. Estes efeitos são discutidos nos parágrafos seguintes.

2.7.1 Características de Vibração de Rolamentos de Elementos Rolantes sem Defeito

Os rolamentos de elementos rolantes geram vibrações devido à sua construção, como explicado anteriormente. Mesmo um rolamento perfeito irá gerar vibrações de características particulares. Alguns pesquisadores tentaram prever os padrões de vibração para rolamentos livres de defeitos através de modelos matemáticos. A Tabela 2.2 compara alguns desses padrões previstos por modelos matemáticos. Gupta et al. [37] simularam a vibração do rolamento para um rolamento de esferas carregado por contato angular e obtiveram as características vibracionais de alta freqüência para o movimento do centro de massa esférica. Dyer e Stewart [22] propuseram um mecanismo de translação discreta da freqüência de impulso com danos crescentes usando métodos gráficos. A vibração registrada pelo acelerômetro é mostrada como efeito combinado de forças externas, forças internas e a resposta estrutural da carcaça do rolamento. Meyer et al. [38] desenvolveram um modelo analítico para um rolamento de esferas sob carga axial constante e carga radial zero. Também, foi assumido que a pista interna é estacionária. O modelo para um rolamento sem defeitos foi desenvolvido primeiro e modificado posteriormente para prever as freqüências de vibração e amplitudes sob vários defeitos distribuídos. Y. T. Su et al. [8] também propuseram um modelo que dá características de freqüência de vibração do rolamento. Tandon e Choudhury [39] deram um modelo de resposta de vibração de rolamentos sob carga radial. O modelo proposto por Meyer et al. [38] foi ampliado por eles. Eles também propuseram um modelo para um bom rolamento e mais tarde utilizaram o mesmo modelo para prever frequências de vibração e amplitudes para vários defeitos distribuídos. A partir da Tabela 2.2, observa-se que a resposta de vibração em cada corrida aparece na freqüência característica para essa corrida, mesmo para um rolamento sem defeitos.

Tabela 2.2: Padrões de vibração previstos para rolamentos livres de defeitos

Autores	Padrão de Vibração Preditativa
Gupta et al. [37]	A frequência de contato elástico (Ωe) está correlacionada com a frequência cinemática da mola e do rolamento Hertzian (Ωk). Ω_e e Ω_k são proporcionais a 1/6 e 1/2 potência de cargas de contacto ball-race.
Dyer e Stewart [22]	Nova condição de rolamento mostrada como uma função de forçamento de banda larga. É reduz suavemente com frequência crescente e é uma combinação das forças dinâmicas do rolamento e da máquina.
Meyer et al. [38]	Picos em *n fod*
Su et al. [8]	Picos a *n fb ± m fc, n fod ± m fc, n fid ± m (fs - fc) ± k fc*
Tandon e Choudhury [39]	Resposta na corrida externa: *n fod ± fs* Resposta na corrida interna: *n fid ± fs.*

(*fb*) Frequência de rotação da bola/roller, *fc*: Frequência de gaiola, *fid*: Frequência de defeito interno da raça, *fs*: Frequência de giro do eixo, *fod*: Frequência de defeito de corrida externa, *k, m, n*: Inteiros)

2.7.2 Efeito das condições de operação

1) Efeito da carga:

Para contabilizar o efeito das mudanças na carga radial sobre a vibração dos rolamentos, nenhum trabalho experimental é relatado. Enquanto [10] estudou o efeito da carga sobre a rigidez do rolamento e descobriu que a rigidez do rolamento é não linear com carga ou deflexão. A rigidez do rolamento aumenta com a carga. Isso resulta no aumento da freqüência de ressonância do rolamento. Como a rigidez do rolamento aumenta com o aumento da carga, o nível de vibração será menor com cargas elevadas, desde que todos os outros parâmetros operacionais permaneçam inalterados. Ohta et al. [40] investigaram o efeito da carga axial sobre a vibração do rolamento de rolos cônicos. Concluiu-se que a alteração na carga axial afeta os componentes de freqüência na região de freqüência 1-20 kHz. As alterações da carga axial afetam as freqüências naturais do sistema de rolamentos do rotor, que são refletidas no espectro de alta freqüência. Isto é verdade para todos os rolamentos que suportam cargas axiais.

2) Efeito da velocidade:

Com o aumento da velocidade, espera-se que o nível de vibração dos rolamentos aumente. Em alguns casos, pode acontecer que o sistema de rolamentos do rotor tenha uma ressonância a uma determinada velocidade. Nesses casos, o nível de vibração cairá quando a velocidade for além da ressonância.

velocidade. Ohta et al. [40] investigaram o efeito da velocidade de rotação sobre a vibração dos rolamentos de rolos cônicos. Foram usados diagramas de campbell para isto. A partir destes diagramas foi observado que as freqüências dos picos até 200 Hz eram proporcionais à velocidade de rotação do anel ou eixo interno. As freqüências dos picos acima de 1 kHz eram independentes da velocidade. Constatou-se que muitos picos nos espectros dependiam da velocidade de rotação do eixo. Esses picos foram rastreados por imperfeições geométricas no rolamento. Os vários picos dependentes da velocidade foram classificados como devido à ondulação interna da pista, ondulação externa da pista e ondulação dos rolos.

3) Efeito da Lubrificação:
Y. T. Su et al. [4] investigaram o efeito da lubrificação sobre a vibração dos rolamentos. Um modelo matemático foi proposto para a vibração dos rolamentos e depois os resultados teóricos foram verificados por alguns experimentos. Para encontrar os efeitos da lubrificação sobre a vibração do rolamento, foi determinada a variação da rigidez da película de óleo sob diferentes condições de funcionamento. Concluiu-se que em baixas velocidades, a viscosidade tem um efeito negativo sobre a rigidez do filme, de modo que a energia de vibração é baixa. Enquanto em velocidades elevadas, a espessura da película é grande e a carga gerada pela película torna-se dominante em comparação com a pré-carga. Esta carga gerada pela película domina a rigidez da película. Além disso, o efeito do amortecimento pelo lubrificante sobre a energia de vibração torna-se significativo em altas velocidades. Portanto, a viscosidade tem um efeito positivo na rigidez do filme e na energia de vibração em altas velocidades. Isto significa que, a baixas velocidades, a energia de vibração é baixa quando a viscosidade do lubrificante é alta. Enquanto que, em velocidades altas, a energia de vibração é alta quando a viscosidade do lubrificante é alta.

2.7.3 Características de Vibração de Rolamentos com Imperfeições Geométricas e Desgaste

Qualquer rolamento tem imprecisões devido às tolerâncias de fabricação, devido ao qual a forma do rolamento se desvia da forma e tamanho projetados. Algumas das imperfeições que resultam das tolerâncias de fabricação são: mudança nas seções transversais do anel interno, anel externo e rolos do círculo perfeito, espaçamento desigual dos rolos devido a imprecisões na gaiola, diâmetros não uniformes dos rolos, etc. Estes defeitos resultam em vibração no rolamento. Além disso, durante a operação, as superfícies do rolamento se desgastam, resultando em mudança de geometria e tamanho dos elementos do rolamento. Nos parágrafos seguintes, o efeito dessas imperfeições devido à fabricação e ao desgaste são discutidos.

1) Diâmetros variáveis do rolo:

A variação do diâmetro dos rolos tem um efeito direto na posição do eixo apoiado no rolamento. Além da variação no diâmetro, o posicionamento dos rolos também afeta a vibração do rolamento. Vários pesquisadores previram o padrão de vibração devido a imperfeições geométricas por modelos matemáticos e a partir de experimentos. Yunoki e Tanaka [41] correlacionaram o ruído em rolamentos de rolos cônicos com imperfeições geométricas como ondulação em rolos e corridas. Yhland [42] mediu as imperfeições geométricas em rolamentos de rolos cônicos e relacionou essas imperfeições com as vibrações dos rolamentos. Meyer et al.

[38] formularam um modelo matemático para prever padrões de vibração de rolamentos de esferas para defeitos distribuídos sob carga axial. Eles derivaram expressões para o deslocamento radial da pista de rolamento estacionária. Sunnersjö [43] estudou efeitos variáveis do diâmetro dos rolos sobre as vibrações dos rolamentos autocompensadores de rolos de uma carreira, sujeitos a uma carga radial e com folga positiva. Ele concluiu que a vibração devido à ondulação interna da pista e a variação do diâmetro dos rolos eram predominantes. Isto porque, os lóbulos do anel interno rolam continuamente sobre os pontos de contato com os rolos, à medida que o anel gira. Também foi constatado que a mudança na ordem ou posição dos elementos rolantes, resultou em excitação periódica no pedestal do rolamento à velocidade da gaiola e seus harmônicos. Y.T. Su et al. [8] também investigaram o efeito das irregularidades superficiais nas características de vibração usando rolamentos de rolos cônicos, com um modelo analítico validado por experimentos. Tandon & Choudhury [39] estenderam o modelo por Meyer et al. [38] para prever a resposta de vibração dos rolamentos a defeitos distribuídos sob carga radial. A Tabela 2.3 mostra o padrão de vibração de acordo com vários autores. A partir dessa tabela, observa-se que há alguma diferença no padrão de vibração dado por vários autores. Parece haver uma concordância de que a freqüência da gaiola (*fc*) e seus harmônicos aparecem no espectro devido à variação nos diâmetros dos rolos. Além disso, pode-se dizer que controlar os diâmetros dos rolos e a ordem dos rolos na gaiola é importante para reduzir as vibrações dos rolamentos.

2) Ondulação da Corrida Interior:

Ondulação significa todos os tipos de variações a partir da circularidade exacta da raça interior. Uma expressão foi derivada por Sunnersjö [43] para correlacionar a circularidade fora da corrida interna, com a vibração do rolamento em termos de centro do eixo como uma função da posição da gaiola e da folga no rolamento. Foi previsto que, dependendo do lóbulo fora da circularidade, as frequências de vibração seriam geradas. Se um rolamento tem seis lóbulos de fora da circularidade da pista interna, ele geraria componentes de vibração a 6 - 7 vezes a velocidade do eixo com picos secundários abaixo da frequência de passagem dos rolos. Y.T. Su et al. [8] também estudaram o efeito da ondulação sobre a vibração do rolamento. Eles também relataram vibração

dominada pela ondulação da raça interna na banda de baixa frequência, manifestada como picos no espectro nas frequências $n\ fid \pm m\ (fs\text{-}fc) \pm k\ fc$. Uma comparação de várias predições é mostrada na Tabela 2.4. Observa-se que a maioria das previsões está dando freqüência de defeito da raça interna (*fid*) e seus harmônicos para a ondulação da raça interna.

Tabela 2.3: Padrões de vibração previstos devido à variação do diâmetro dos rolos

Autores	Padrão de Vibração Preditativa
Yunoki e Tanaka [41]	Picos a *n fb* por ordem de ondulação de *n*.
Yhland [42]	Picos a $2\ n\ fb \pm m\ fc$ para ordem de ondulação de *2 n*
Meyer et al. [38]	Picos em *n fod* + bandas laterais em *fc*
Sunnersjö [43]	Picos em (*n fc*)
Su et al. [8]	Picos em (*n fbd*) + banda lateral em fc
Tandon e Choudhury [39]	Picos em *n fod* para resposta na corrida externa + bandas laterais em *n fc*. Para resposta na corrida interna, picos em *n fid* + bandas laterais em $n\ fid \pm m\ fs$, $n\ (fs - fc)$ & $n\ (fs - fc) \pm m\ fs$
Tandon e Choudhury [44]	Picos a *n fc*

(*fc*.) Frequência da jaula, *fid:* Frequência de defeitos da raça interna, *fs*: Frequência do eixo, *fod*: Frequência de defeito de corrida externa, *m, n* : Inteiros)

Tabela 2.4: Padrões de vibração previstos devido à ondulação interna da raça

Autores	Padrão de Vibração Preditativa
Yunoki e Tanaka [41]	Picos a *n (fs - fc)* por ordem de ondulação de *n*
Yhland [42]	Picos a $fid \pm m\ fs$
Sunnersjö [43]	Picos em *fs* + bandas laterais em *fb*
Su et al. [8]	Picos em (*n fid*) + banda lateral em (fs - fc)
Tandon e Choudhury [39]	Resposta da raça interna: Picos em *n fid* + bandas laterais em *m fs*.

	Resposta racial externa: Picos em *n fod* + banda lateral em *m fs*
Tandon e Choudhury [44]	Picos em *n fid* + bandas laterais em *fs*

(*fc*.) Frequência da jaula, *fid:* Frequência de defeitos da raça interna, *fs*: Frequência do eixo, *fod*: Frequência de defeito de corrida externa, *m, n* : Inteiros)

Tabela 2.5: Padrões de vibração previstos devido à ondulação exterior da corrida

Autores	Padrão de Vibração Preditativa
Yunoki e Tanaka [41]	Picos a *n fc* por ordem de ondulação de *n.*
Yhland [42]	Picos em *p Z fc* para ordem de ondulação de *p Z ± m*
Meyer et al. [38]	Picos a *n Z fc* + bandas laterais a (*Z fc ± m Z fc*)
Sunnersjö [43]	Ondulação externa da raça não significativa para vibração
Su et al. [8]	Picos em (*n Z fc*) + banda lateral em *fc*
Tandon e Choudhury [39]	Picos a n *Z fc* + bandas laterais a *m fs*
Tandon e Choudhury [44]	Picos em n *Z fc*
Ono & Okada [45]	Picos em n *Z fc* Se nenhuma fenda radial & e ondulação é *nZ±1*, picos a (*n Z fc),* Se a fenda radial presente & ondulação é *n Z*, picos a *n Z fc*.

(*fc*: Cage frequency, *m, n, p* : Integers)

3) <u>Ondulação da Corrida Externa</u>:

Além dos pesquisadores mencionados na Tabela 2.3 & 2.4, Ono e Okada [45] investigaram especialmente o efeito da ondulação da pista externa sobre a vibração dos rolamentos de esferas. A Tabela 2.5 mostra uma comparação de várias previsões de padrões de vibração para a ondulação da pista externa. A Tabela 2.5 mostra que a ondulação da pista externa resulta em picos de frequência correspondentes aos harmónicos de (*Z fc)* ou à frequência de defeito da pista externa (*Z fc = fod*). Pode ser visto pela discussão acima que várias imperfeições e defeitos geométricos são indicados no espectro de vibração por frequências características específicas e suas bandas laterais. Essas freqüências características também ajudam a decidir a localização das falhas no rolamento. A identificação dessas freqüências características é uma tarefa importante no diagnóstico de defeitos distribuídos nos rolamentos.

4) <u>Desgaste e Fadiga</u>:

Durante o uso, os rolamentos se desgastam e, mesmo em condições ideais de operação, os rolamentos falham devido à queda por fadiga. Os defeitos devidos ao desgaste e à fadiga superficial são distribuídos de forma mais uniforme. Sunnersjö [43] investigou o efeito do desgaste e da fadiga sobre a vibração dos rolamentos. Sunnersjö concentrou-se no desgaste abrasivo e na carga de fadiga de subsuperfície devido à queda por fadiga. Os espectros de vibração de um rolamento de rolos com rachaduras em um rolo indicaram um trem de transientes, quando o rolo passou pela zona de carga. A magnitude dos transientes dependia da carga. Esses transitórios eram

espaçados a uma distância de *1/alimentos*. Da mesma forma, para um rolamento com um spall na pista externa indica transientes espaçados a *1/fod* . Isto significava que a frequência de pico mais baixa no espectro era a *forragem*. Descobriu-se que o espaçamento pode ser detectado no sinal de domínio do tempo. Rolamentos com desvios da circularidade perfeita devido ao desgaste abrasivo também testados pela Sunnersjö [43] - o espectro de vibração e a função de autocorrelação foram determinados. O aumento geral devido ao desgaste no nível RMS foi bastante pequeno, mas mostrou um aumento significativo na região de alta freqüência. O aumento no nível de RMS foi por um fator de cerca de 3,04 para a faixa de freqüência de 2,5 a 5,0 kHz. A função de autocorrelação indicou estabilização após um tempo de 15 ms, em comparação com um tempo de defasagem de 35 ms para um novo rolamento. Uma mudança gradual no intervalo de tempo antes da estabilização é, portanto, uma indicação de desgaste abrasivo.

2.7.4 Características de Vibração de Rolamentos com Defeitos Pontuais

1) <u>Defeitos de Ponto Único</u>:

Há muitos trabalhos de pesquisa que fornecem previsões ou observações experimentais para defeitos de um ou vários pontos nos rolamentos. A Tabela 2.6 resume essas predições. McFadden e Smith [29] propuseram um modelo matemático para a vibração produzida por um defeito de ponto único na pista interna em um rolamento sob carga radial constante. O modelo também foi verificado experimentalmente e se constatou que estava predizendo corretamente o comportamento da vibração. A vibração do rolamento foi modelada como o produto de uma série de impulsos na freqüência de passagem do elemento rolante, com a distribuição da carga do rolamento e a amplitude da função de transferência girando com a resposta de impulso da função de decaimento exponencial.

2) <u>Defeitos Multiponto Sob Carga Radial</u>:

McFadden e Smith [47] investigaram o padrão de vibração para defeitos multiponto em um rolamento de esferas. Um rolamento com dois defeitos foi testado. A análise envolveu a derivação dos ângulos de fase para um defeito em qualquer posição na pista interna. Usando o princípio da sobreposição, o espectro de vibração foi obtido. Verificou-se que as frequências dos componentes de vibração eram independentes da posição dos defeitos. Mas, os ângulos de fase estavam relacionados com a posição do defeito e a frequência do componente. Devido à variação dos ângulos de fase, vários defeitos tiveram um efeito de cancelamento e reforço. Isto alterou o aspecto do espectro. Concluiu-se que no espectro mostrando defeitos multiponto, os componentes relacionados à freqüência dos defeitos não eram necessariamente os maiores componentes de cada grupo.

Tabela 2.6: Padrões de vibração previstos devido a defeitos pontuais

Autores	Tipo de Defeito & Padrão de Vibração Prevista
Dyer & Stewart [22]	**Para defeito de ponto único** Danos incipientes: Vibração impulsiva na região de baixa freq. Curtose $_{Ku}$ > 3. danos intermédios: Aumento do nível do espectro. $_{Ku}$ > 3 em região de freq. mais alta. Danos pesados: Distribuição de amplitude gaussiana na banda de frequência mais baixa. Impactos com a energia em alta freq. que ocorrem em baixa taxa de repetição, gerar um sinal discreto. $_{Ku}$ >> 3 em freq. baixa e Ku > 3 em freq. alta.
Braun & Datner [46]	**Para defeito de ponto único** Espectro discreto com muitas linhas espectrais
McFadden & Smith [29]	**Para defeito de ponto único** Defeito interno da raça: Grupos sobrepostos de linhas espectrais, centrados em *nfid.* Agrupar linhas espectrais separadas por *fs*. Cada grupo tem lóbulos principais e laterais.
McFadden & Smith [47]	**Para defeito multiponto** Componentes de freqüência igual ao defeito de ponto único. Amplitude & fase ângulo dependem da magnitude e posição dos defeitos. O espectro resultante é uma soma de phaser de espectros individuais.
Su & Lin [7]	**Para defeito de ponto único** Espectro discreto com picos principais e bandas laterais. Defeito de corrida externa: *fod* & seus harmônicos + bandas laterais em *fs & fc* Defeito interno da raça: *fid* & seus harmônicos + bandas laterais em *fs & (fs - fc)* Defeito do rolo: *fbd* & suas harmônicas + bandas laterais em *fc, (fs - fc) & (fbd / 2)*

Tandon & Choudhury [48]	**Para defeito de ponto único** Defeito da raça exterior: *alimentos* e suas harmônicas Defeito interno da raça (carga axial): *fid* & suas harmônicas Defeito de pista interna (carga radial): *fid* & harmónicos + bandas laterais em (*fid* ± *nfs*) Defeito de rolo (carga axial): *fbd* & seus harmónicos Defeito do rolo (carga radial): *fbd* & suas harmônicas + bandas laterais em (*fc*)

(*fb*) Frequência de rotação da bola/roller, *fbd*: Frequência do defeito da bola/roller, *fc*: Frequência de gaiola, *fid*: Frequência de defeitos internos da raça, *fs*: Frequência de giro do eixo, *fod*: Frequência de defeito de corrida externa, *m, n*: Integers)

Da Tabela 2.6, pode-se observar que defeitos pontuais em um rolamento são indicados na freqüência característica de defeitos com algumas bandas laterais. Embora todas as previsões estejam de acordo com a frequência principal, há variação nas bandas laterais previstas. Não há um padrão único para qualquer defeito pontual. Diferentes bandas laterais são susceptíveis de fazer a análise da frequência

difícil. Esta dificuldade é mais para defeitos multiponto, pois o componente de freqüência de defeitos pode não ter a maior amplitude.

2.8 Características de Vibração dos Rolamentos de Rolos Cónicos

Como discutido anteriormente, poucos pesquisadores têm usado rolamentos de rolos cônicos em suas pesquisas sobre o monitoramento da vibração dos rolamentos. Além disso, como descrito no primeiro capítulo, as características de construção e design dos rolamentos de rolos cônicos são muito diferentes dos rolamentos de esferas ou rolamentos de rolos cilíndricos. Um dos primeiros trabalhos sobre rolamentos de rolos cônicos foi realizado por Yunoki e Tanaka [41]. Eles concluíram que o ruído dos rolamentos de rolos cônicos era causado por vibrações devido a imperfeições geométricas, como a ondulação interna da pista, a ondulação externa da pista e a ondulação dos rolos. Eles deram uma expressão para a relação entre a freqüência da vibração e as ordens de ondulação para a pista interna, pista externa e rolo [Tabelas 2.3 - 2.5]. Yhland [42] mediu as imperfeições geométricas dos rolamentos de rolos cônicos e discutiu suas propriedades geradoras de vibração [Tabelas 2.3 - 2.5]. Ele deu uma relação entre a freqüência da vibração radial e a ordem de ondulação de um rolamento de rolos cônicos. Lucht e Scanlan [49] estudaram métodos de medição de vibração para rolamentos de rolos cônicos. Eles inferiram que o método de medição axial é útil no estudo do mecanismo de ruído de rolamentos de rolos cônicos. Su e Lin [8] mostraram que as vibrações dos rolamentos de rolos cônicos são devidas a imperfeições geométricas decorrentes de erros de fabricação. Observação semelhante foi relatada por Sunnersjö [43], que investigou o efeito da imperfeição geométrica sobre as vibrações de um rolamento de rolos cilíndricos normal. Sunnersjö [43] relatou que o efeito da ondulação do anel interno e da ondulação dos rolos era dominante no espectro de vibração. Su e Lin [8] observaram que os espectros de vibração de um rolamento de rolos cônicos normal e de um rolamento de rolos cônicos danificado eram semelhantes. Y. T. Su e S. J. Lin [7] também investigaram a detecção de falhas nos rolamentos de rolos cônicos. Eles propuseram um modelo para estudar os efeitos da carga sobre o padrão de vibração dos rolamentos. Concluiu-se que apenas a análise do domínio da freqüência não era suficiente para monitorar ou identificar um defeito em um rolamento de rolos cônicos, pois os espectros de vibração dos rolamentos de rolos cônicos normais e defeituosos eram semelhantes. Observação semelhante também foi relatada por Y.T. Su, Sheen e M. H. Lin [4]. Ohta e Sugimoto [40] investigaram as vibrações dos rolamentos de rolos cônicos sem defeitos, utilizando análise do espectro. Eles agruparam os picos de vibração como picos dependentes da velocidade e picos independentes da velocidade. Os picos dependentes da velocidade descritos por eles estão de acordo com aqueles dados por pesquisadores anteriores. Os picos independentes da velocidade foram encontrados devido às ressonâncias do sistema de rolamento e rotor. Além disso, foi relatado que os picos independentes da velocidade variam com a variação de carga no rolamento.

como eram devidas a ressonâncias no sistema. Os picos dependentes da velocidade previstos por Yunoki e Tanaka [41] e Yhland [42] são apresentados nas Tabelas 2.3 - 2.5. A presença destes picos no espectro de vibração foi confirmada por vários pesquisadores.

Os espectros de vibração dos rolamentos de rolos cônicos têm um padrão discreto chamado de Distribuição do Espaçamento Igual de Frequência (EFSD). O mesmo padrão é obtido para rolamentos normais e defeituosos. Isto torna a detecção de falhas muito difícil para rolamentos de rolos cônicos usando apenas análise de domínio de frequência.

A investigação profunda da vibração do rolamento de rolos cônicos normal é relatada apenas por um pesquisador [40]. Nenhum trabalho é relatado no monitoramento e diagnóstico da vibração do rolamento de rolos cônicos utilizando análise cepstrum. Rubini e Meneghetti [36] compararam o uso de envelope e transformador wavelet para falhas incipientes em rolamentos. Eles relataram que os resultados da análise da transformada wavelet foram semelhantes aos da análise de envelope. Ho e Randall [50] propuseram o uso da técnica de cancelamento de ruído auto-adaptável (SANC) em conjunto com a análise do envelope para o monitoramento de falhas nos rolamentos. Eles relataram que esta técnica é mais eficaz do que apenas a análise do envelope.

A partir da revisão da literatura, observa-se que muito poucos pesquisadores têm usado rolamentos de rolos cônicos para investigações. Além disso, o diagnóstico de defeitos é difícil nos rolamentos de rolos cônicos devido à semelhança dos espectros de vibração dos rolamentos livres de defeitos e defeituosos. Não há nenhum estudo que dê uma investigação detalhada sobre as diferentes características de vibração dos rolamentos de rolos cônicos em termos de tempo e frequência. Portanto, existe a necessidade de uma investigação abrangente destes aspectos.

2.9 Instalações experimentais

O trabalho experimental de monitorização da vibração dos rolamentos para detecção de defeitos, é realizado com a ajuda de bancos de ensaio. A partir da literatura, verificou-se que vários pesquisadores utilizaram diferentes tipos de arranjos, para a realização de testes de vibração de rolamentos. Alguns pesquisadores têm mostrado arranjos esquemáticos, enquanto alguns têm apenas dado uma descrição do arranjo utilizado. Sunnersjö [6, 43] utilizou um rolamento de esferas com carga radial, montado na extremidade de um eixo, para suas investigações. Ele usou diferentes velocidades de eixo para os seus testes de vibração. Daadbin et al. [51, 52] também utilizaram um banco de ensaios no qual o rolamento foi montado em uma montagem removível, na extremidade de um eixo. Ohta [40] usaram um anderímetro, para montar o anel interno no eixo rotativo e a carga axial foi aplicada no anel externo através de três dedos de borracha de um dispositivo de pré-lodificação. As velocidades do eixo variavam em etapas. Dispositivo similar também foi usado por Igarashi e Hamada [53]. Nakra e Tandon [30, 54, 55] utilizaram uma esfera

rolamento em uma caixa, montado em um eixo, acoplado diretamente a um motor de corrente contínua. Um arranjo similar foi usado pela Braun e Datner [46] em suas pesquisas. Y. T. Su et al. [7, 4] usaram um rolamento de rolos cônicos montado na extremidade de um eixo em uma caixa, que foi rodado em velocidades diferentes para suas investigações. Eles usaram arranjos separados para carregar mecanicamente o eixo nas direções radial e axial e variar a velocidade do rolamento de teste de transporte do eixo. Honarvar & Martin [20] também utilizaram um arranjo, com um rolamento de teste montado em uma extremidade do eixo. Har Prashad [56] utilizaram um motor de acionamento montado com rolamentos em teste, acoplado a um motor similar através de um acoplamento rígido. A velocidade variava variando a tensão e a corrente de entrada para o motor. McFadden e Smith [29, 47] usaram um rolamento de esferas montado em um eixo que era mantido em um furo de placa - o eixo girava a uma velocidade constante. A placa foi submetida a uma força de tração, que resultou em carga radial pura sobre o rolamento.

Além das configurações acima mencionadas, poucos projetos foram realizados em

Bombaim I.I.T. para projeto e desenvolvimento de máquina de teste de vibração de rolamentos. Diferentes projetos foram experimentados. Uma característica comum foi a montagem do rolamento de teste em uma extremidade do eixo apoiado em dois rolamentos [57, 58, 59, 60]. As variações de velocidade foram obtidas através de polias ou

d.c. motores. A aplicação de carga foi por cilindros hidráulicos [57] ou por molas [61]. Das diferentes configurações mencionadas acima, as características básicas e arranjos para testar as vibrações dos rolamentos de rolos podem ser resumidas como a seguir:

1. A configuração deve ter uma disposição para a montagem e manutenção do rolamento de teste em um eixo rotativo. Isto foi conseguido ao montar o rolamento de teste em uma extremidade de um eixo rotativo.
2. A configuração deve ser capaz de testar vários rolamentos no mesmo eixo. Isto necessita de uma caixa de esferas desmontáveis para o rolamento de teste.
3. A configuração deve ter disposição para funcionar com velocidades de eixo diferentes para testes. Isto pode ser conseguido utilizando um motor de corrente contínua directamente acoplado ao veio ou um motor de corrente contínua ligado ao veio através de um accionamento por polias cónicas escalonadas utilizando correias. O acionamento por correias também é útil para isolar a vibração do motor da vibração do eixo.
4. A configuração deve ter um dispositivo para aplicar e medir a carga radial e ou axial no rolamento de teste. Isto foi conseguido por diferentes meios como: alavancas, dispositivos hidráulicos, molas, etc.

Considerando os requisitos acima, foi concebida e fabricada uma configuração de teste para o presente trabalho. É discutido no Capítulo 3.

2.10 Interface do computador

O processamento de um sinal de vibração e o diagnóstico de um defeito no rolamento é uma tarefa que necessita de um processamento de sinal significativo para extrair informações relacionadas com o defeito. Para correlacionar a informação recolhida de um sinal de vibração de um rolamento com um defeito em particular, também é necessária perícia. Para tornar o processo de diagnóstico objetivo, é necessária uma ferramenta de diagnóstico baseada em computador. Tal interface para o diagnóstico de defeitos no rolamento precisa ter as seguintes características:

- Capacidade de ler um sinal de vibração.
- Capacidade de processar o sinal de vibração para obter diferentes características como forma de onda, envelope, espectro, etc., conforme necessário para o diagnóstico do rolamento.
- Ele deve calcular as freqüências características do rolamento para os dados fornecidos pelo usuário sobre a geometria do rolamento e velocidade de operação.
- Também deve calcular vários parâmetros de diagnóstico como nível RMS, pico, fator de crista, curtose, etc.
- Com base no sinal processado e nos parâmetros de diagnóstico calculados, ele deve exibir o diagnóstico sobre a condição do rolamento.

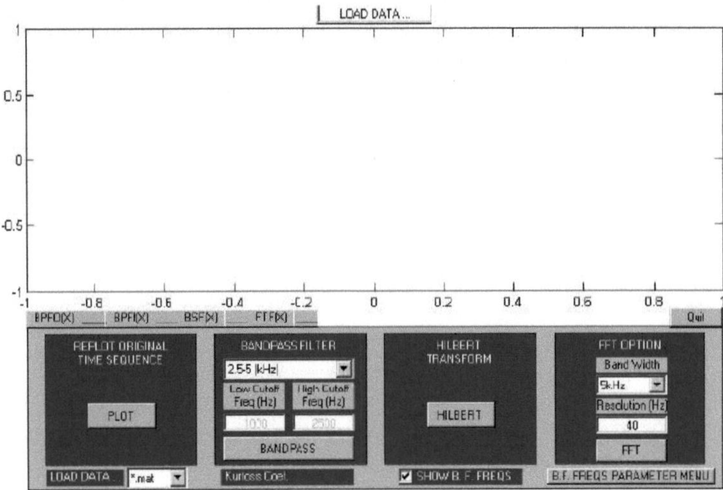

Figura 2.1: GUI de McInerny e Dai [62]

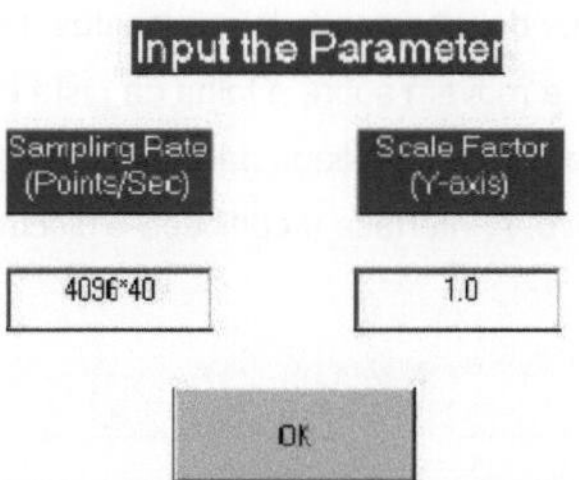

Figura 2.2: Janela pop up para os parâmetros de dados da GUI da Figura 2.1 [62]

McInerny & Dai [62] projetaram um módulo MATLAB baseado na Interface Gráfica de Usuário (GUI) para o processamento básico do sinal de vibração para o diagnóstico de falhas nos rolamentos [Figura 2.1]. Esta GUI é útil apenas para o processamento básico de sinais como filtragem, envelopagem e análise do espectro. A GUI apresentada por McInerny e Dai (Figura 2.1) tem as seguintes características:

- O sinal de vibração pode ser carregado usando um arquivo de dados. Ele pode ler arquivos Matlab, arquivos ASCII e arquivos Binários.
- O sinal de vibração é filtrado por um filtro de passagem de banda digital.
- O envelope do sinal é obtido usando a Transformada Hilbert.
- O espectro de potência é obtido usando o algoritmo FFT que usa a janela Hanning e 50% de sobreposição.
- Ele dá valor ao coeficiente de curtose em cada etapa do processamento do sinal.
- Abre-se uma janela como mostrado na Figura 2.2 para introduzir detalhes sobre o número de pontos de dados.
- Abre-se uma janela, se o botão - B.F. FREQS. PARÂMETRO MENU, (Figura 2.1) é clicado. Esta janela pop up é mostrada na Figura 2.3. Esta janela é para inserir dados sobre a geometria do rolamento e a velocidade de operação; para calcular e exibir as freqüências características do rolamento.
- Ele exibe linhas verticais coloridas (marcadores), correspondentes às freqüências características do rolamento na janela do espectro para ajudar a correlacionar os picos de espectro com as freqüências do rolamento. Esta opção é ativada se a caixa de seleção contra SHOW B.F. FREQS. for clicada (Figura 2.1).

Para simular o sinal de vibração do rolamento defeituoso, foi utilizado um sinal sintético, mostrado na Figura 2.4 [62]. Este sinal é uma soma de uma onda quadrada de 6 Hz, ruído aleatório com distribuição de amplitude gaussiana e um pulso de zumbido com frequência de 40 Hz. O pulso simula a resposta ressonante de uma caixa de rolamentos altamente amortecida, à medida que os elementos rolantes se movem sobre a falha da pista externa.

A interface descrita acima foi ampliada para incluir nele a análise cepstrum e características de diagnóstico. A interface modificada é discutida no Capítulo 4.

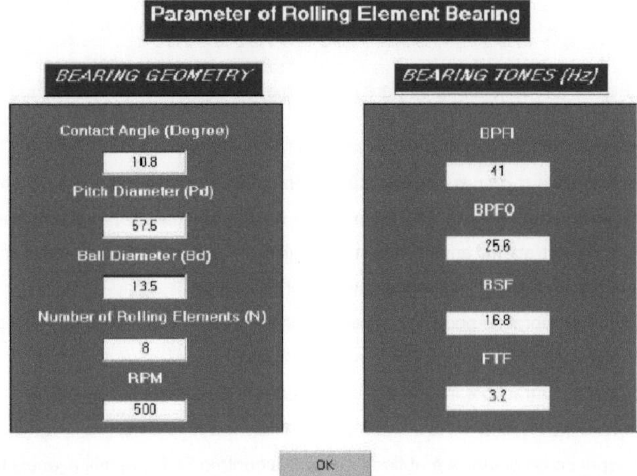

Figura 2.3: Janela pop-up para os parâmetros de rolamentos para a GUI da Figura 2.1 [62]

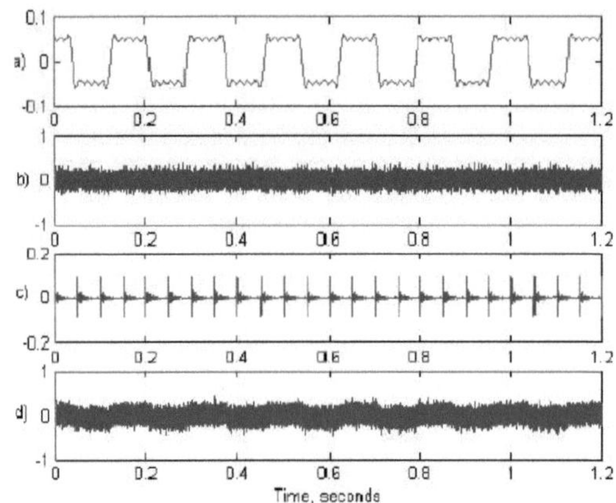

Figura 2.4: Composição do sinal sintético [62]

a) Onda quadrada b) Ruído Radom c) Pulso de anel d) Soma de a, b & c

CAPÍTULO 3

MONTAGEM EXPERIMENTAL E INSTRUMENTAÇÃO

3.1 Introdução

No trabalho experimental apresentado nesta tese, foi necessário projetar e desenvolver uma configuração para testar rolamentos de rolos cônicos para medir sua vibração. Para o efeito, foi concebido um arranjo, com um eixo accionado por uma correia em V numa extremidade e provisão para montar um rolamento de teste na outra extremidade. Cada rolamento de teste foi montado no eixo usando diferentes adaptadores para as pistas internas e externas. No rolamento de teste foram aplicadas cargas axiais e radiais. As medidas de vibração foram realizadas utilizando um acelerômetro montado na carcaça do mancal de teste nas direções axial e radial. Os sinais de aceleração foram amplificados por meio de um amplificador de carga. Estes sinais analógicos foram alimentados por uma placa de aquisição de dados em interface com um computador para análise posterior. Os detalhes acima são apresentados nas seções seguintes.

3.2 Configuração Experimental

A configuração consiste em um eixo acionado por um motor de 1,5 kW, 2800 RPM, A.C. de indução, através de um acionamento por correia em V apoiado em dois mancais de apoio, como mostrado na Figura 3.1. Os rolamentos de apoio têm furos cônicos e foram montados em buchas de fixação que foram alojadas em blocos de êmbolo. O rolamento no lado da polia era um rolamento flutuante, enquanto o outro rolamento era um rolamento bloqueado. Uma correia trapezoidal foi montada em polias escalonadas. Os quatro diâmetros das polias escalonadas proporcionavam quatro velocidades de eixo de 1400 a 5600 RPM. Os rolamentos de teste foram montados no eixo em sua extremidade cônica (Figura 3.2), com adaptadores de corrida internos e externos (Figura 3.3). O adaptador do anel interno foi mantido em posição por uma porca (Figura 3.2), enquanto que o adaptador do anel externo ou carcaça foi mantido em posição, aplicando força axial através de um parafuso ao longo da linha de centro do eixo (Figura 3.4). Ao trocar os adaptadores, diferentes rolamentos poderiam ser testados no mesmo eixo. Foi prevista a aplicação de carga radial no adaptador do anel externo do rolamento de teste. Isto foi conseguido colocando pesos conhecidos em uma bandeja que repousava sobre o adaptador do anel externo. Usando a configuração mostrada na Figura 3.1, vários rolamentos foram testados quanto às suas características de vibração. A configuração completa é mostrada na Figura 3.1 e seus acessórios, juntamente com desenhos detalhados de vários componentes, são apresentados no Anexo III.

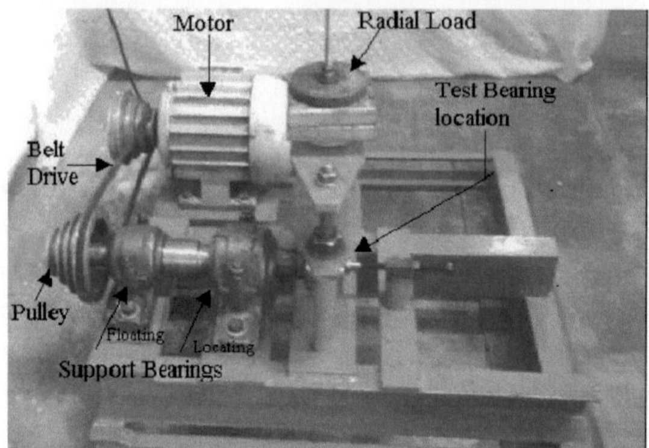

Figura 3.1: Fotografia da montagem experimental

Figura 3.2: Rolamento de ensaio montado no eixo

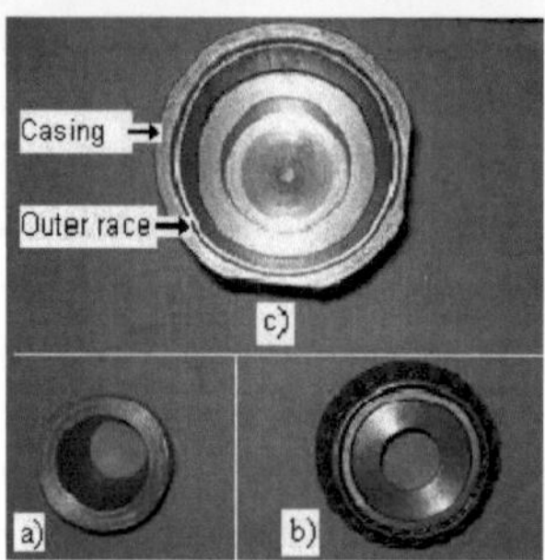

figura 3.3: adaptadores de rolamentos

a) Adaptador de corrida interior b) Rolamento montado no adaptador de corrida interior c) Adaptador de corrida exterior com

pista exterior montada

Figura 3.4: Aplicação de carga axial

3.3 Instrumentação e Aquisição de Dados

Acelerômetro para medição de vibração, estroboscópio digital sem contato para detecção de velocidade e célula de carga para medição de força foram necessários nos experimentos. A placa de aquisição de dados National Instruments (NI - DAQ, versão 4.9, Número de dispositivo AT - A21508) foi selecionada e interfaceada com um PC. Os dados experimentais foram adquiridos usando esta placa e LabView 4.1, pacote de software de programação gráfica para instrumentação. O LabView fornece seleção de canais, tamanho do frame, taxa de amostragem, seleção de janelas, filtro, etc. A placa de aquisição de dados tem quatro canais de entrada, embora apenas um deles tenha sido utilizado para medição de vibração.

3.3.1 Medição de Vibração

A monitorização da vibração dos rolamentos depende do tipo de transdutores utilizados, localização da medição, orientação e técnicas de montagem do transdutor [63, 64, 65]. O acelerômetro piezoelétrico (Brüel & Kjær Tipo 4368, detalhes no Apêndice -II) foi utilizado para captar sinais de aceleração da superfície do mancal de teste, uma vez que possui uma ampla faixa de frequência e construção robusta. Este acelerômetro foi calibrado antes de ser utilizado. A calibração foi realizada através da montagem do acelerômetro de medição e de um acelerômetro de calibração (Brüel & Kjær Tipo 4370, detalhes no Apêndice -II) em uma mesa agitadora e então comparando suas saídas através da vibração da mesa agitadora. Durante a medição da vibração do rolamento, o acelerômetro de medição foi montado sobre uma superfície plana usinada do corpo do rolamento (Figura 3.5 e 3.6). Os acelerômetros foram montados na carcaça do mancal de teste nas direções radial e axial. Uma arruela de mica foi utilizada para separar o acelerômetro da superfície do invólucro. Isto para isolar eletricamente o corpo do acelerômetro da superfície do invólucro. A montagem dos prisioneiros foi utilizada para minimizar a redução da freqüência de ressonância do acelerômetro montado e para maximizar a faixa de frequência utilizável de

acelerómetro. Como o acelerômetro utilizado tinha uma frequência de ressonância não amortecida de 39 kHz, a montagem dos pinos do acelerômetro poderia dar leituras corretas de até cerca de 13 kHz. Na verdade, os dados foram gravados apenas até 10 kHz, evitando assim o menor efeito da ressonância do acelerômetro sobre os dados medidos. Os sinais do acelerómetro foram amplificados através da ligação ao amplificador de carga Brüel & Kjær tipo 2635. O amplificador de carga também poderia filtrar os dados de entrada na faixa de frequência selecionada para evitar o aliasing.

De acordo com o Teorema da Amostragem Nyquist, a frequência de amostragem de dados deve ser pelo menos duas vezes maior do que a frequência mais alta de interesse. Se isto não for seguido, os sinais de alta frequência aparecem como sinais de baixa frequência nos dados amostrados. Este erro é conhecido como aliasing ou "frequência de dobragem". Se apenas os sinais de baixa freqüência são de interesse, então devemos filtrar os componentes de freqüência mais alta do sinal antes que ele seja amostrado [66]. Neste trabalho, os dados de vibração foram adquiridos em duas faixas de freqüência vizinhas de 0-1 kHz e 0-10 kHz. Assim, as frequências mais altas de interesse foram de 1 kHz e 10 kHz, respectivamente. Portanto, as taxas de amostragem foram tomadas como mais de 2 kHz e 20 kHz ao adquirir os dados nas duas faixas de freqüências. O amplificador de carga utilizado durante as medições de vibração tinha um filtro para cortar as frequências mais altas além de 1 kHz, 10 kHz, 30 kHz, etc. Ao selecionar uma freqüência de corte superior adequada (1 kHz ou 10 kHz), o aliasing poderia ser evitado.

O amplificador de carga foi necessário porque, o acelerômetro está com alta impedância de saída e a placa de aquisição de dados tem uma baixa impedância de entrada. Conectá-los diretamente causaria um descasamento da impedância. Portanto, o amplificador de carga serve ao propósito de amplificação do sinal do acelerômetro e de correspondência de impedância entre a saída do acelerômetro e a entrada do sistema de aquisição de dados.

Ilustração 3.5: Localização axial (L1, L2) para montagem do acelerômetro

Figura 3.6: Localização radial (L3) para montagem do acelerômetro

3.3.2 Medição de Carga Axial

Durante as experiências realizadas, a carga axial foi mantida constante em 260 N. Isto foi conseguido aplicando um torque fixo de 5 N-m enquanto se apertava o parafuso para carga axial (Figura 3.4). A carga resultante foi medida colocando uma célula de carga no lugar da caixa de rolamento de teste e aplicando um torque constante de 5 N-m para apertar. A disposição para a medição da carga é mostrada na Figura 3.7.

3.3.3 Aquisição de Dados de Vibração

A saída do amplificador de carga foi alimentada na placa de aquisição de dados para interface com o computador para processamento de sinal adicional usando programas de LabVIEW. A faixa de freqüência e a taxa de amostragem foram especificadas nos programas do LabVIEW e, além disso, a janela Hanning foi selecionada como uma função de pesagem de tempo para evitar vazamento espectral. O processo de aquisição de dados é mostrado esquematicamente na Figura 3.8.

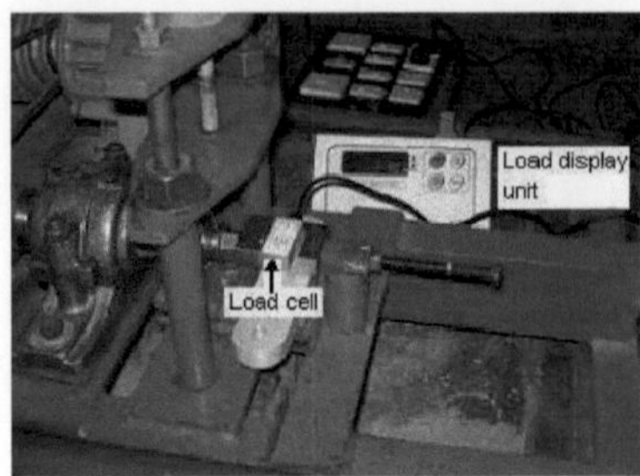

figura 3.7: medição da carga axial

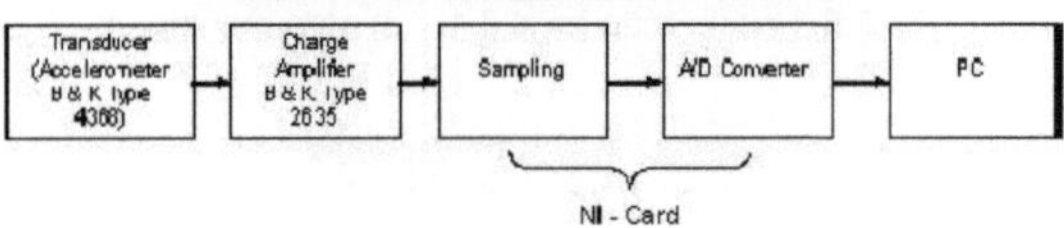

Figura 3.8: O processo de amostragem

3.4 Programas LabVIEW

O LabVIEW (Laboratory Virtual Instrument Engineering Workbench) é um pacote de software da National Instruments. Ele simplifica a computação científica, o controle de processos para aplicações de teste e medição. Ele usa uma linguagem de programação gráfica, 'G', para criar programas em forma de diagrama de blocos e pode ser usado como um software aplicativo de desenvolvimento de programas. Inclui bibliotecas de funções e ferramentas de desenvolvimento, projetadas especificamente para controle de instrumentação e, além disso, pode ser usado para aquisição de dados.

3.4.1 Programas para Aquisição de Dados de Vibração de Rolamentos

Os programas LabVIEW foram desenvolvidos para adquirir e processar sinais de vibração para obter características como forma de onda de tempo, espectro, cepstrum, etc. Os dados de domínio temporal foram adquiridos usando estes programas. Os dados de domínio de tempo adquiridos foram processados posteriormente usando o MATLAB. Um típico painel frontal e diagrama de blocos do programa de aquisição de dados LabVIEW & processamento de sinais são mostrados nas Figuras 3.9 & 3.10. O programa está em linguagem gráfica 'G', e foi construído com a ajuda de blocos de subVIs, instrumento sub virtual, que é novamente um instrumento por si só. A Transformada de Fourier, RMS, Pico, etc., pode ser descoberta pelas suas respectivas subVIs.

Na Figura 3.10, a onda de blocos é para aquisição de dados. O valor do tamanho do quadro (número de linhas) e a taxa de amostragem são os parâmetros de entrada. Existem quatro canais na placa de aquisição de dados. O canal de aquisição apropriado é inserido no canal. A janela de bloco é para operação de janela. A opção existe para a seleção de qualquer um entre as janelas Hanning, Hamming, Rectangular, Triangular e Blackman. Também existe a opção de não haver janela, neste caso o sinal não será colocado em janela. Existe uma opção para salvar os dados adquiridos, seja em domínio de tempo ou em domínio de freqüência.

Os dados de vibração foram obtidos através da definição do número do dispositivo, seleção do canal, tamanho da moldura, taxa de amostragem e pela seleção da janela Hanning. O FFT foi calculado para dez médias lineares. A visualização do sinal de tempo e espectro foi observada no painel frontal do LabVIEW.

(Figura 3.9) e os dados foram armazenados em um PC, que foram processados posteriormente usando programas MATLAB.

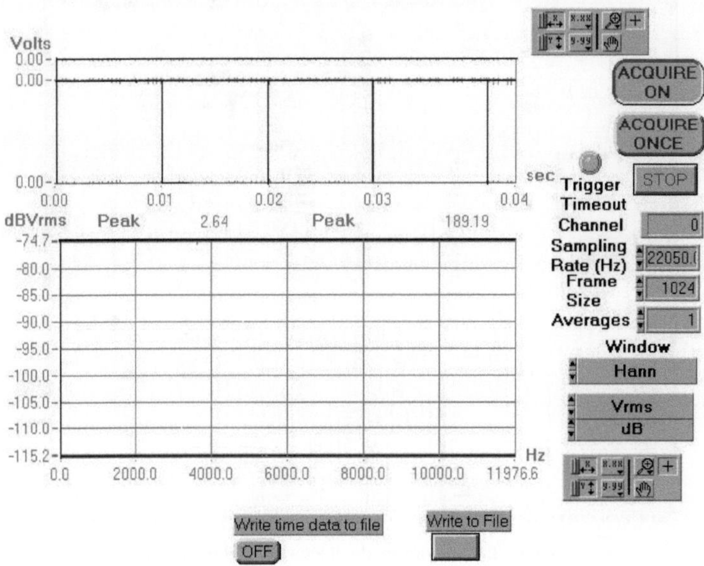

Figura 3.9: Painel frontal da VI

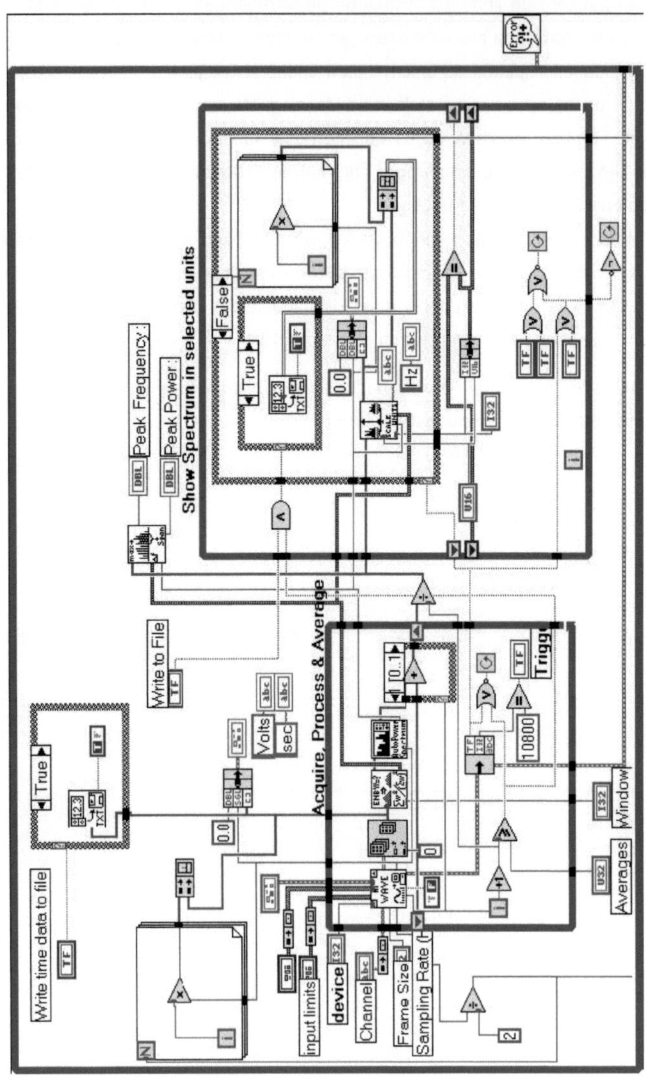

figura 3.10: diagrama de blocos para VI na figura 3.9

CAPÍTULO 4

RESULTADOS E

DISCUSSÃO

4.1 Introdução

Para diagnosticar a condição dos rolamentos de rolos cônicos usando a vibração, é necessário investigar primeiro a vibração dos rolamentos livres de defeitos, para que o padrão de vibração seja conhecido e a detecção de defeitos seja feita de forma mais eficaz em comparação com a vibração dos rolamentos livres de defeitos. Por isso, foram realizadas experiências com quatro rolamentos de rolos cônicos sem defeitos, utilizando o conjunto descrito no Capítulo 3. Mais tarde, foram testados nove rolamentos de rolos cônicos defeituosos quanto ao seu comportamento vibratório - as falhas foram criadas na pista externa e nos rolos. Foram criados defeitos pontuais nos rolamentos de teste porque - quando um rolamento está funcionando sob condições adequadas (lubrificação adequada, alinhamento adequado, livre de abrasivos, umidade e reagentes corrosivos, e carregado adequadamente) então os danos do rolamento são causados pela fadiga do material. A fadiga de contato do rolamento se manifesta como uma descamação de partículas metálicas da superfície das pistas e/ou dos corpos rolantes. Esta descamação começa como uma fenda abaixo da superfície e é propagada para a superfície formando um buraco ou lasca. Essas cavidades ou spalls são pequenas em tamanho (pontos) e não atravessam a pista de rolamento no início [5].

Tanto defeitos de um como de vários pontos foram criados através de usinagem por erosão por faísca. Duas fotografias de rolamentos - uma com defeito da pista externa e outra com defeito do rolo são apresentadas separadamente no Apêndice - I. Os defeitos da pista interna não foram introduzidos porque, o mecanismo de geração e diagnóstico da freqüência dos defeitos é similar aos defeitos da pista externa. Além disso, praticamente não foi possível criar um tamanho específico de defeito na pista interna dos rolamentos de rolos cônicos, já que os rolos e a pista interna (copo) são uma unidade integral nestes rolamentos. Detalhes sobre rolamentos de teste e tamanhos de defeitos utilizados são mostrados na Tabela 4.1 e este capítulo apresenta os resultados das experiências realizadas com estes rolamentos de teste.

4.2 Experiências

Durante o teste, o anel interno do mancal de teste foi montado no eixo da instalação. A carga radial foi aplicada ao anel externo através de um arranjo de carga como explicado em 3.2. As vibrações radiais e axiais dos rolamentos de teste foram registradas através de um acelerômetro.

Tabela 4.1: Tamanhos de defeito para os rolamentos de teste

Sr. Não.	Localização do Defeito	Dia do Defeito. (mm)	Profundidade do defeito (mm)	Observação
B0	-------	-------	-------	Nenhum defeito
B1	Corrida Externa	0.15	0.05	Um defeito
B2	Corrida Externa	0.25	0.10	Um defeito
B3	Corrida Externa	0.50	0.15	Um defeito
B4	Corrida Externa	0.15 & 0.50	0.05 & 0.15	Dois defeitos
B5	Rolo	0.15	0.05	Um defeito
B6	Rolo	0.25	0.10	Um defeito
B7	Rolo	0.50	0.15	Um defeito
B8	Rolo	0.15 & 0.50	0.05 & 0.15	Dois defeitos
B9	Corrida Externa + Rolo	0.50 & 0.50	0.15 & 0.15	Dois defeitos

A aceleração foi tomada como parâmetro de medição devido às seguintes razões.

Para a medição da vibração - a velocidade é um parâmetro melhor até 1 kHz, enquanto que a aceleração é um parâmetro melhor para frequências mais altas [19]. Além disso, na medição da vibração dos rolamentos a maioria dos analistas utiliza uma combinação de medições de velocidade e aceleração. As medições de velocidade são utilizadas para destacar vibrações de baixa freqüência, como desequilíbrio ou desalinhamento e a aceleração é utilizada para captar sinais de defeito do rolamento [67]. No trabalho apresentado, as vibrações foram medidas em duas gamas de frequência: 0-1 kHz e 0-10 kHz. Isto significa que foram necessários dois parâmetros separados (velocidade para 0-1 kHz e aceleração para 0-10 kHz) nas duas gamas de frequência utilizadas. Para manter a consistência no parâmetro medido, foi considerado adequado utilizar apenas um parâmetro para ambas as gamas de frequência. Como as informações relacionadas à vibração do rolamento estão disponíveis na região de alta freqüência, e a aceleração é um parâmetro melhor nessa região, a aceleração foi preferida como um parâmetro de medição.

Após obter o sinal de vibração do acelerômetro, um amplificador de carga foi utilizado para amplificar e filtrar o sinal. Este sinal foi então alimentado a um computador e foi processado através da instrumentação virtual LabVIEW. Os dados de vibração para rolamentos de rolos cônicos sem defeitos foram adquiridos a três velocidades diferentes (23 Hz, 39 Hz & 61 Hz). Estas velocidades cobrem a gama de funcionamento da maioria das máquinas que utilizam rolamentos de rolos cônicos. Os dados para rolamentos livres de defeitos foram adquiridos sob diferentes cargas radiais (10 N a 130 N) e uma carga axial constante de 260 N. No caso de rolamentos defeituosos, os dados foram

adquirido a uma velocidade de eixo constante de 23 Hz com uma carga radial de 50 N e carga axial de 260 N, para que todos os rolamentos defeituosos tenham as mesmas condições de operação, para obter informações relacionadas a defeitos. Os dados de vibração foram adquiridos em duas faixas de freqüência 0-1 kHz e 0-10 kHz para que, tanto a informação de alta como a de baixa frequência estejam disponíveis com resolução suficiente; foram utilizadas frequências de amostragem de 2050 Hz e 20050 Hz para obter dados nas gamas de frequência acima referidas. Embora a informação de vibração do rolamento seja vista muito claramente na faixa de 0-10 kHz, os dados de 0-1 kHz também foram adquiridos para obter informações dos vários parâmetros de domínio de tempo como pico a vale, valor rms, fator de crista, etc. na faixa de baixa freqüência também. Foram registados 4096 pontos de dados para cada conjunto com dez médias lineares. Quatro séries diferentes de rolamentos de rolos cônicos foram usadas para obter as características de vibração dos rolamentos de rolos cônicos sem defeitos (B0). Eles foram 30207, 30208, 32007 e 32008. Posteriormente, os rolamentos da série 30207 foram testados para defeitos de ponto único, defeitos de pontos múltiplos e combinação de defeitos em pista externa e rolos (B1-B9, Tabela 4.1). Foram utilizados três rolamentos (B1-B3), com defeito único na pista externa e um rolamento (B4), com dois defeitos na pista externa, espaçados ^{900} entre si. Da mesma forma, para falhas nos rolos, foram utilizados três rolamentos (B5- B7), com defeito único no rolo e um rolamento (B8), com dois defeitos nos rolos, espaçados $^{900 \text{ entre si.}}$ Além disso, foi testado um rolamento (B9), com um defeito cada um na pista externa e no rolo. Os tamanhos dos defeitos foram selecionados para simular falhas incipientes nos rolamentos. Tanto o diâmetro e a profundidade do defeito foram variados nos rolamentos testados porque quando um defeito no rolamento aumenta de tamanho, é natural que seu diâmetro e profundidade aumentem simultaneamente e tal aumento simultâneo na profundidade e diâmetro do defeito tem sido usado para simulação de defeitos por alguns pesquisadores como Liang et al. [33]. Além disso, o principal objetivo desta investigação foi encontrar a eficácia de diferentes métodos de tempo e freqüência para o monitoramento das condições dos rolamentos de rolos cônicos.

Os dados adquiridos de diferentes rolamentos de rolos cônicos sem defeitos e com defeitos, foram processados posteriormente usando MATLAB. Programas informáticos separados foram preparados para análise do domínio tempo e frequência, incluindo espectros envelopados e relação de picos. Os espectros envelopados foram obtidos nas seguintes etapas - filtragem digital band-pass, envelopagem por Hilbert Transform e espectro de potência pelo método FFT. Os parágrafos seguintes apresentam os resultados da análise de tempo e frequência.

4.3 Análise do Domínio do Tempo

Vários métodos discutidos no Capítulo 2, exceto a função de densidade de probabilidade (pdf), foram usados para analisar os dados - o método da função de densidade de probabilidade não foi usado por ser

mostrado por Mathew & Alfredson [21], que o pdf não pode diagnosticar defeitos de rolamento. Como, o sinal de aceleração de rolamento é aleatório e gaussiano na natureza, sua obliquidade é zero. Portanto, para usar o enviesamento como parâmetro diagnóstico, Honarvar & Martin [23, 20] sugeriram um método de retificação do sinal de vibração para obter um enviesamento não nulo. Mas, durante este trabalho, a inclinação foi calculada sem utilizar o método sugerido em [23, 20], pois foi constatado que rolamentos de rolos cônicos defeituosos estavam dando valores não zero de inclinação mesmo sem retificação do sinal de vibração. Esta seção apresenta os resultados da análise utilizando vários parâmetros de domínio de tempo. As Figuras 4.1 a 4.16 mostram os resultados obtidos para pico a vale, nível de vibração RMS, fator de crista, fator de forma, inclinação, curtose e o parâmetro K, para vibração axial e radial nas duas faixas de freqüência utilizadas. Em todas estas parcelas, foram comparados vários parâmetros para rolamentos defeituosos com os correspondentes parâmetros de rolamentos livres de defeitos. Os valores para rolamentos livres de defeitos são tomados como a média de sete registros de vibração diferentes obtidos ao longo de um período de tempo. Nesses gráficos, B0 indica rolamento livre de defeitos e B1 a B9 são os rolamentos defeituosos, com defeito de ponto em pista externa ou roletes, conforme detalhes fornecidos na Tabela 4.1.

4.3.1 Pico a Vale

Como visto nas Figuras 4.1 e 4.2, os valores de pico a vale da aceleração medida são mais altos para a vibração axial do que a vibração radial para os rolamentos de rolos cônicos (B0- B9), a diferença é mais significativa para rolamentos defeituosos. A razão para isto é que a vibração axial em ambas as faixas de frequência utilizadas (0-1 kHz & 0-10 kHz), contém alguns picos relacionados com as frequências naturais da unidade de rolamento do rotor. Isto resultou em valores mais altos de picos de vibração axial mostrados nas Figuras 4.1 & 4.2. Isto pode ser visto na Tabela 4.2 em Análise do Domínio de Frequência. Além disso, é visto nas Figuras 4.1 e 4.2 que, em comparação com os valores de pico a vale de rolamento sem defeitos (B0), os rolamentos defeituosos (B1- B9) têm picos mais altos de amplitude de aceleração. Isto é óbvio, pois rolamentos defeituosos produzem um impacto no momento do contato entre o defeito e a pista ou superfícies de rolos. A magnitude e duração do impacto varia de acordo com a localização e tamanho do defeito. Para os rolamentos de rolos cônicos com defeitos de pista externa (B1-B4), os valores de pico a vale de aceleração são máximos para o menor tamanho de defeito testado (rolamento B1). Não há aumento contínuo das amplitudes de pico de aceleração com aumento do tamanho dos defeitos na pista externa. Como visto na Figura 4.1, para a vibração axial, a vibração de alta freqüência (0-10 kHz) tem valores de pico mais altos que a vibração de baixa freqüência (0-1kHz) e para a vibração radial, a vibração de baixa freqüência está mostrando valores de pico mais altos que a vibração de alta freqüência. Isto porque, a vibração axial de alta freqüência (0-10 kHz) cobriu poucas ressonâncias da

conjunto de rolamentos do rotor. Isto foi confirmado por testes de impacto e também pela presença de picos de freqüência independentes de velocidade no espectro de alta freqüência para vibração axial, através do funcionamento dos rolamentos de teste em diferentes velocidades.

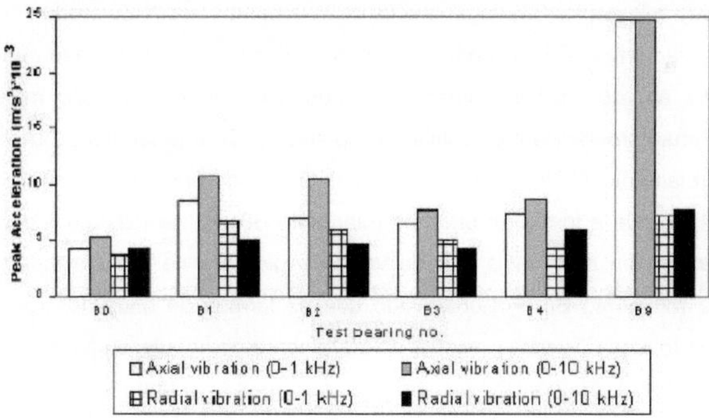

Figura 4.1: Valores de pico para rolamentos de rolos cônicos com defeitos na pista externa

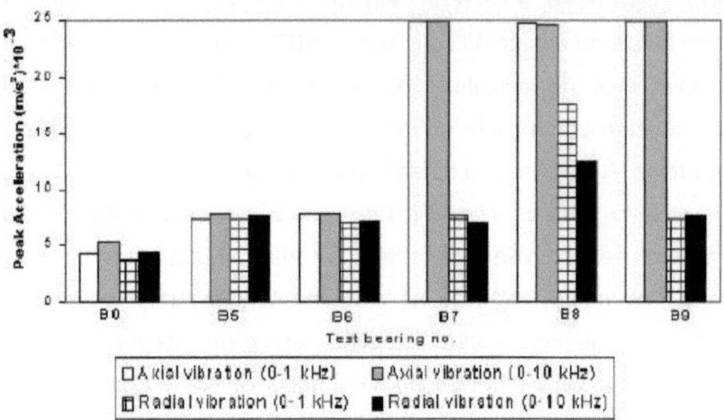

figura 4.2: valores de pico para rolamentos de rolos cônicos com defeitos nos rolos

Na Figura 4.2, para os rolamentos de rolos cônicos com defeitos nos rolos, os níveis de pico de vibração radial e axial são quase os mesmos nas duas faixas de frequência utilizadas para os rolamentos B0, B5 e B6. Os rolamentos B7 - B9 têm picos de vibração axial mais altos. Somente o rolamento

O B8 tem maior nível de picos de vibração radial em comparação com outros rolamentos. Para o rolamento com dois rolos defeituosos (B8), os valores de pico são significativamente superiores aos dos rolamentos (B5-B7) com um único rolo defeituoso. Isto porque, o rolamento (B8) com defeitos de dois pontos nos rolos produz mais impactos do que os rolamentos (B5-B7) com defeitos de um único rolo - com cada rotação do eixo, os impactos em dois locais somam-se dando um pico de vibração mais alto. Para investigar uma característica distintiva, que pode indicar a presença de defeitos de dois pontos no rolamento B8, foram comparadas as formas de onda do rolamento B8 e B5-B7. Foi constatado que a forma de onda do rolamento B8 era semelhante à dos rolamentos B5-B7. Apenas um nível mais alto de valor de pico a vale era um indicador de dois defeitos no rolamento B8. Foi observado que as formas de onda dos rolamentos com defeitos nos roletes não estão mostrando claramente os impulsos igualmente espaçados correspondentes à freqüência dos defeitos nos roletes (Figura 4.3). Isto porque, um defeito nos rolos pode não estar sempre em contacto com as corridas de rolamentos, uma vez que os rolos estão continuamente a rolar sobre as corridas e também se estão a mover juntamente com a gaiola. Um impacto é gerado somente quando um defeito do rolo atinge a superfície externa ou interna da pista. As formas de onda do rolamento com defeito da pista externa são de natureza impulsiva e os impulsos são espaçados na taxa de repetição do impacto correspondente à freqüência do defeito da pista externa (Figura

4.4). Mathew & Alfredson [21] também relataram espaçamento igual de impulsos para defeitos de pista externa e espaçamento aleatório de impulsos, para defeitos de esferas de rolamentos autocompensadores de esferas.

O rolamento B9, com um defeito cada um na pista externa e no rolo, é encontrado com níveis mais altos de picos do que o rolamento B4 (dois defeitos na pista externa) e os mesmos níveis de pico de rolamento B8. Isto porque, para defeitos de pontos múltiplos, o sinal de vibração é o resultado de diferentes sinais de impacto de diferentes locais de defeitos. No caso do rolamento B4, a diferença de fase entre os sinais gerados por dois defeitos na pista externa é constante. No rolamento B9, o defeito na pista externa está em um local fixo e produz impactos periódicos enquanto que, o rolo defeituoso muda continuamente de posição. Portanto, a soma dos sinais do defeito da pista externa e do defeito do rolo estão aumentando os impactos, resultando em níveis mais altos de picos.

Do acima exposto, observa-se que valores mais altos de pico a vale são indicativos da presença de defeitos locais na pista externa ou rolos em rolamentos de rolos cônicos. Uma correlação direta entre o pico a vale e o tamanho do defeito não é, no entanto, observada.

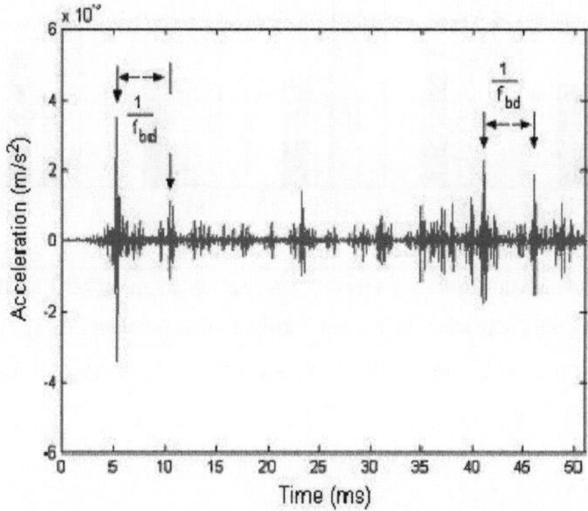

Figura 4.3: Forma de onda temporal para rolamento de rolos cônicos com defeito de rolo

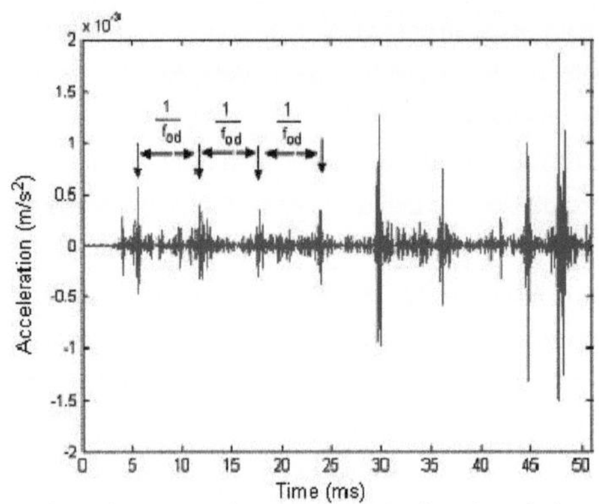

Figura 4.4: Forma de onda temporal para rolamento de rolos cônicos com defeito na pista externa

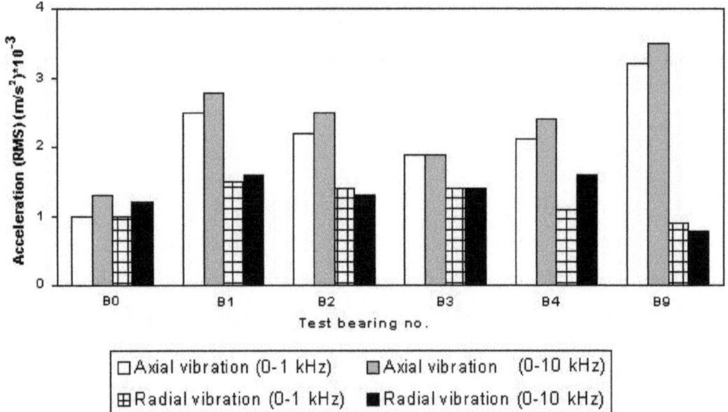

figura 4.5: valores RMS para rolamentos de rolos cônicos com defeitos na pista externa

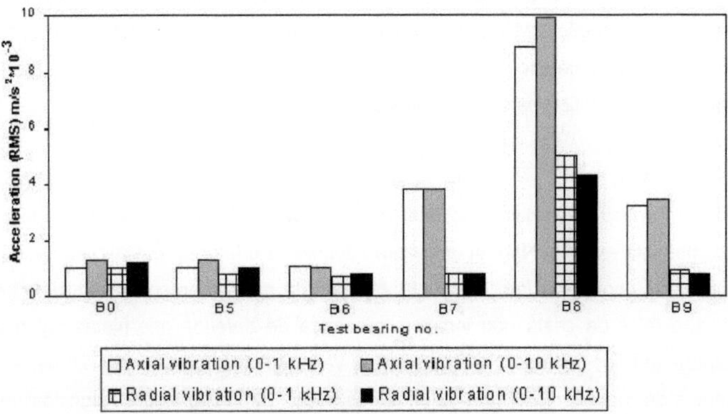

Figura 4.6: Valores RMS para rolamentos de rolos cônicos com defeitos nos rolos

4.3.2 Nível de Vibração Global (RMS)

Os níveis de aceleração RMS (Figuras 4.5 & 4.6) estão mostrando um padrão quase similar ao dos valores de pico a vale de aceleração (Figuras 4.1 & 4.2). A partir da Figura 4.5, observa-se que para cada rolamento de rolos cônicos, os níveis de vibração axial na faixa de 0-10 kHz são os máximos. No caso de rolamentos com defeitos de rolos, os níveis de vibração axial são marginalmente mais altos do que a vibração radial correspondente. Isto é novamente devido às ressonâncias do sistema de rolamentos do rotor na alta freqüência (0-10 kHz) de vibração axial, como mencionado anteriormente no caso dos valores de pico a vale de aceleração. Em comparação com um rolamento sem defeitos,

os rolamentos de rolos cônicos defeituosos têm um nível de vibração RMS mais alto. Isto é claramente visto na Figura 4.5, para defeitos na pista externa. Este padrão é o esperado. Os defeitos nas corridas de rolamentos produzem impactos periódicos nos rolamentos, o que resulta no aumento do nível geral de vibração. A diferença no nível de vibração RMS não é significativa para defeitos nos rolamentos, como visto na Figura 4.6. Porque, a superfície defeituosa dos rolos nem sempre entra em contato com as corridas enquanto rola nas corridas e gira com a gaiola. O impacto é gerado somente quando o rolo está em contato com as corridas. Como tal, o nível de vibração mostra uma alteração insignificante. No caso de rolamentos de rolos cônicos com defeito nos rolos, o nível de vibração é o mais alto para o rolamento com dois defeitos nos rolos (B8) em todas as medidas. Porque, existe uma maior probabilidade de um dos rolos defeituosos ter impacto nas corridas quando dois rolos estão defeituosos, do que quando apenas um rolo está defeituoso. O rolamento B9 tem níveis de RMS mais altos que o rolamento B4 e níveis mais baixos que o B8. Isto é novamente devido ao efeito do movimento contínuo do rolo defeituoso no B9, como explicado anteriormente para valores de pico a vale do B9. O nível geral de vibração RMS é visto como um bom indicador de defeito no rolamento, especialmente para defeitos na pista externa. Isto está de acordo com as tendências obtidas pela Mathew [21] para rolamentos de esferas.

4.3.3 Fator Crest

A Figura 4.7 mostra a variação do fator de crista para rolamentos de rolos cônicos com defeitos na pista externa. Não há um padrão definido e o fator de crista varia de 3,0 a 4,5. Esta faixa de valores do fator de crista é esperada para rolamentos sem defeitos [16]. Portanto, o fator de crista não indica a presença de defeitos nas pistas externas dos rolamentos de rolos cônicos. Na Figura 4.8, a variação do fator de crista é mostrada para rolamentos de rolos cônicos com defeitos nos rolos. Ela indica valores significativamente maiores de fator de crista (6 -10) para rolamentos B5-B7 em comparação com rolamentos sem defeitos B0, indicando assim claramente a presença de defeitos no rolamento. Os valores do fator de crista são indicativos de defeitos, como relatado em [16]. Para o rolamento B8, que teve dois defeitos nos rolos, o fator de crista é inferior ao do rolamento livre de defeitos B0. Isto porque, como mostrado nas Figuras 4.2 e 4.6, o rolamento B8 tem um aumento maior no nível de RMS do que o do pico ao vale, entre todos os rolamentos com defeitos nos roletes (B5-B8). Assim, a relação, fator de crista (pico para vale/rms) é reduzida para o rolamento B8. No caso do rolamento B9, os valores do fator de crista são comparáveis com os dos rolamentos com defeitos nos rolos. Isto é óbvio porque o rolamento B9 tem um defeito no rolo e um na pista externa.

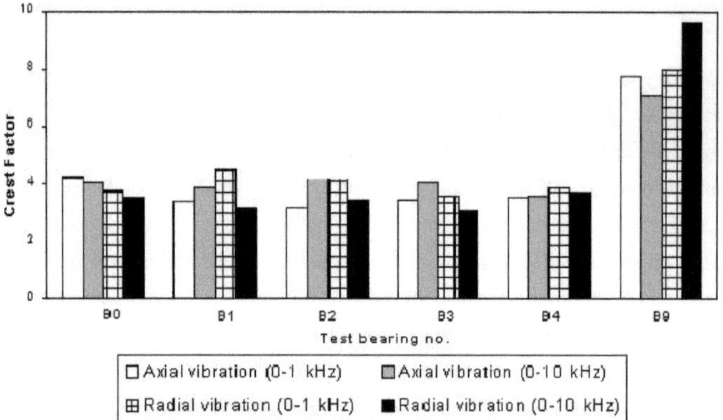

figura 4.7: fator de crista para rolamentos de rolos cônicos com defeitos na pista externa

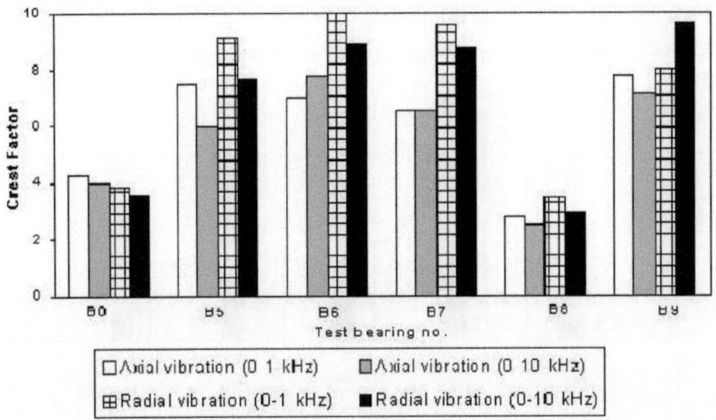

figura 4.8: fator de crista para rolamentos de rolos cônicos com defeitos nos rolos

De acordo com Tandon [12, 54], Mathew [21] & Liang et al. [33], o fator de crista é um parâmetro pobre para a detecção de falha no rolamento de esferas. A partir dos dados apresentados, pode-se concluir que os defeitos nos rolamentos de rolos cônicos podem ser diagnosticados pelo alto valor do fator de crista, mas para defeitos de pista externa, o fator de crista por si só não é um parâmetro de diagnóstico confiável.

4.3.4 Fator Forma

Para rolamentos de rolos cônicos com defeitos na pista externa, há um aumento significativo (3-4 vezes) no fator de forma em comparação com o fator de forma de rolamentos sem defeitos. Isto é observado nas vibrações axiais e radiais e em ambas as faixas de frequência utilizadas (Figura 4.9). O fator de forma é reduzido conforme aumenta o tamanho do defeito na pista externa. Isto porque, o nível rms também está mostrando a mesma tendência como visto na Figura 4.5. Para rolamentos de rolos cônicos com defeitos nos rolos, o fator de forma é menor do que o fator de forma para rolamento sem defeitos. Portanto, não indica defeitos nos rolos (Figura 4.10). Porque, o nível rms também é baixo para rolamentos com defeitos nos rolos, em comparação com rolamentos com defeitos nas pistas. Para o rolamento B9, os valores do fator de forma são geralmente baixos em comparação com outros rolamentos com defeitos de dois pontos (B4 & B8). Isto é devido ao valor mais alto da média do sinal de aceleração.

Do acima exposto, pode-se concluir que o fator forma pode ser um parâmetro útil apenas para o diagnóstico de defeitos da raça externa. Não é um parâmetro confiável para diagnosticar defeitos de rolos em rolamentos de rolos cônicos.

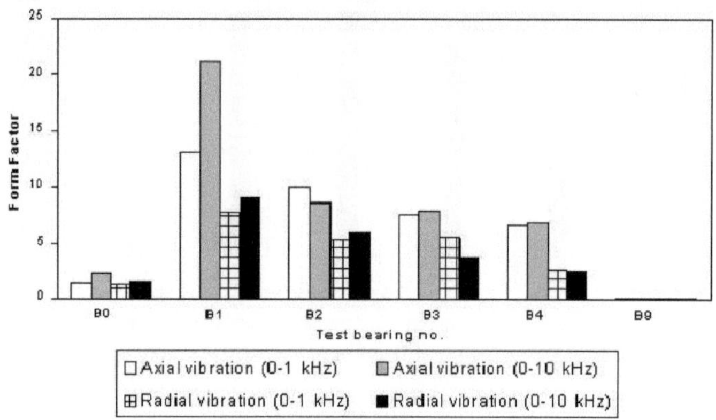

figura 4.9: fator de forma dos rolamentos de rolos cônicos com defeitos na pista externa

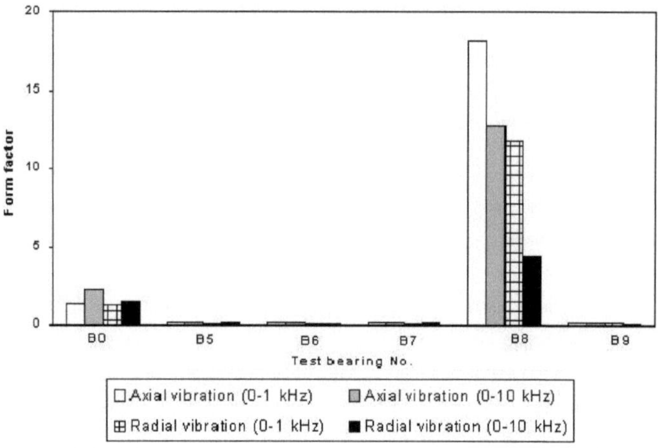

figura 4.10: fator de forma dos rolamentos de rolos cônicos com defeitos nos rolos

4.3.5 Skewness

Para um bom rolamento, a obliquidade é zero, pois o sinal de vibração de um bom rolamento é gaussiano e aleatório na natureza [20, 23]. A assimetria não indica um padrão claro para rolamentos de rolos cônicos com defeitos na pista externa (Figura 4.11). No caso de rolamentos de rolos cônicos com defeitos de um único rolo, a obliquidade é maior que a do rolamento sem defeitos (Figura 4.12). Esta tendência é esperada para os defeitos da corrida também de acordo com Honarvar & Martin [20, 23]. Para o rolamento B8, o enviesamento é negativo, pois este rolamento tem dois defeitos em rolos espaçados 90o entre si. Para o rolamento B9, os valores de inclinação são 4-5 vezes maiores do que para outros rolamentos com defeitos na pista externa, devido à presença de defeitos na pista externa e no rolo dentro dela.

Do acima exposto, vê-se que o enviesamento é um bom indicador de falhas nos rolos, enquanto que é um mau indicador para a detecção de defeitos externos da raça.

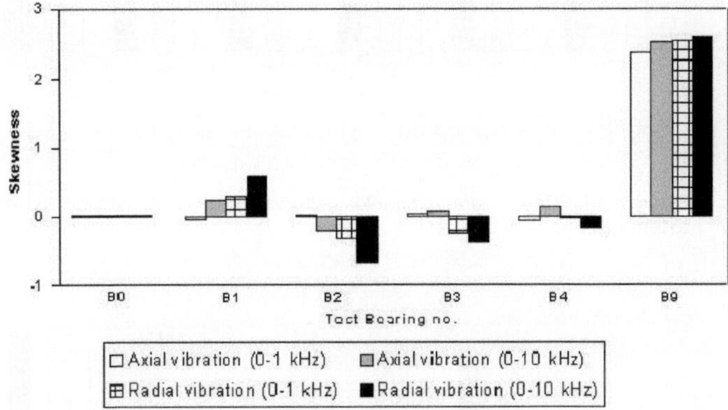

Ilustração 4.11: Espessura para rolamentos de rolos cônicos com defeitos na pista externa

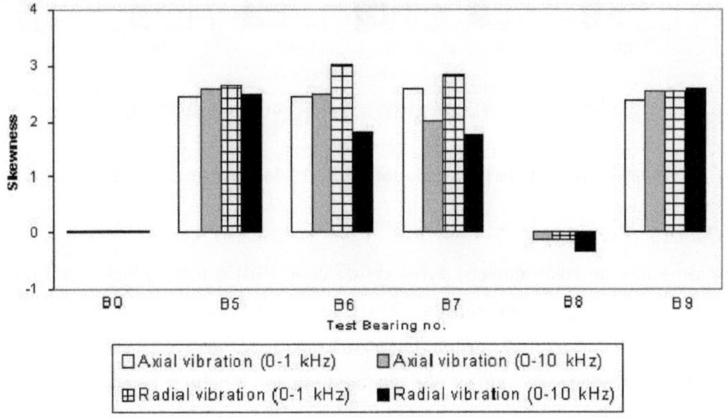

figura 4.12: Espessura para rolamentos de rolos cônicos com defeitos nos rolos

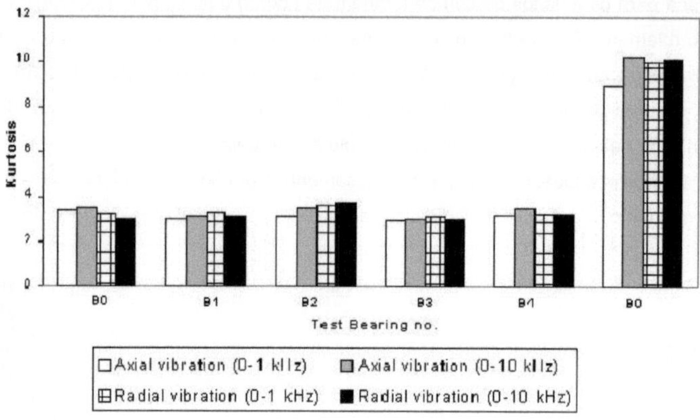

Figura 4.13: Curtose para rolamentos de rolos cônicos com defeitos na pista externa

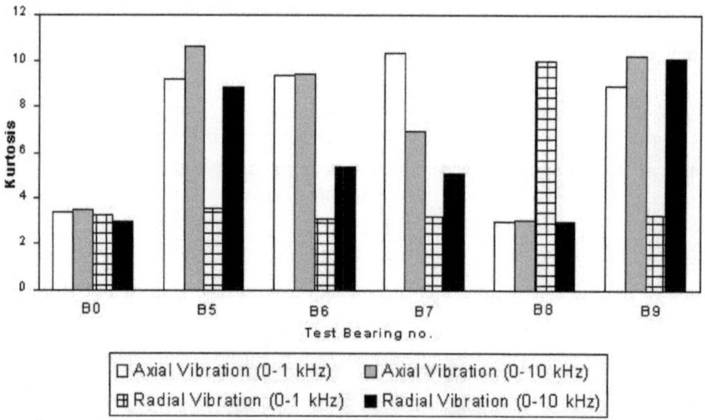

figura 4.14: Curtose para rolamentos de rolos cônicos com defeitos nos rolos

4.3.6 Curtose

Para rolamentos de rolos cônicos livres de defeitos (B0) e rolamentos com defeitos na pista externa (B1- B4), os valores de curtose estão na faixa de 2,9 a 3,7 (Figura 4.13). Este intervalo de curtose, não dá uma indicação clara de falha nos rolamentos. Liang et al. [33] afirmaram que a curtose não segue uma tendência consistente. No caso de rolamentos de rolos cônicos com defeitos nos rolos (Figura 4.14), os valores de curtose estão bem acima de 3, indicando assim a presença de defeitos. Honarvar & Martin [23] e Mathew & Alfredson [21] também relataram curtose elevada para defeitos nos roletes do que para defeitos na corrida externa. Os valores de curtose para defeitos em corridas como relatado por eles foram cerca de 3,5, que são semelhantes aos valores obtidos neste estudo. Honarvar e Martin [20] previram um aumento constante da curtose com o tempo, já que o tamanho do defeito aumenta desde o início de um defeito pontual até a ocorrência da falha. Mas, os resultados deste estudo e também os resultados dados em referência [21,22] não estão mostrando essa tendência. Para o rolamento B9, os valores de curtose são maiores que os de outros rolamentos (Figura 4.14), devido a um defeito na pista externa e outro no rolo. Para os rolamentos de rolos cônicos deste estudo, os valores máximos de curtose são geralmente encontrados na vibração axial de 0 -10 kHz. A observação acima implica que, embora a curtose não seja um indicador consistente para diagnosticar danos incipientes, o monitoramento dos valores de curtose na vibração

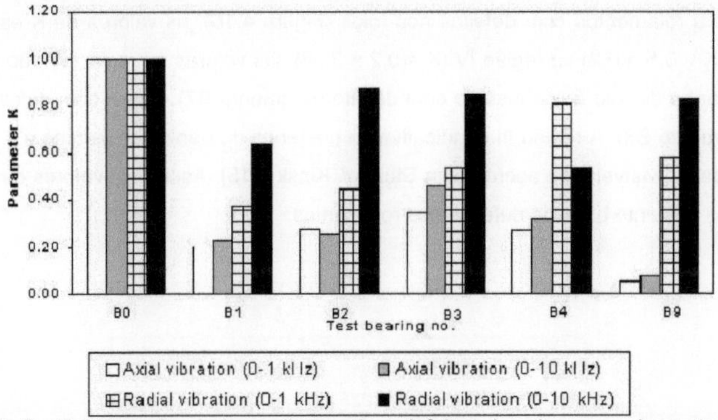

axial de 0 -10 kHz pode ajudar a diagnosticar defeitos de rolos nos rolamentos de rolos cônicos.

Ilustração 4.15: Parâmetro K para rolamentos de rolos cônicos com defeitos na pista externa

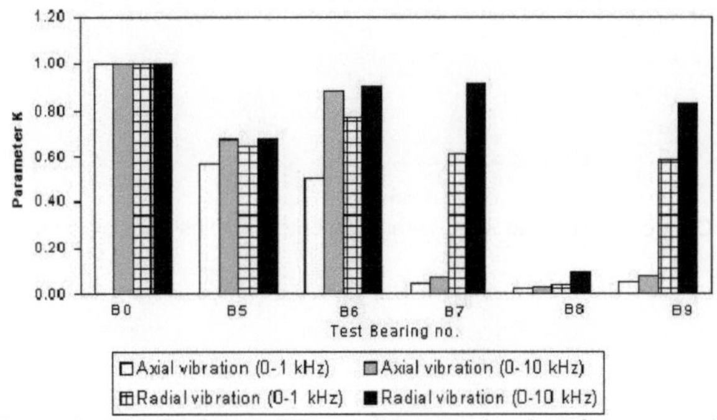

Ilustração 4.16: Parâmetro K para rolamentos de rolos cônicos com defeitos nos rolos

4.3.7 Parâmetro K

Os valores de K são inferiores a um para todos os rolamentos de rolos cônicos defeituosos. Para rolamentos com defeitos na pista externa (Figura 4.15), os valores de K estão na região III (K = 0,5 a 0,2, Tabela 2.1) como por Sturm & Kinsky [15] exceto para a vibração radial de 0-10 kHz. Estes valores de K na região III indicam a presença de danos [15]. Para a faixa de dados de 0-10 kHz, os valores de K estão na região II (K = 1 a 0,5) indicando a condição normal de funcionamento. Este registro parece ser inconsistente com os outros registros de vibração da direção axial e radial. Apesar da presença de defeito, ele não está indicando um defeito. medida que o tamanho do defeito da corrida externa aumenta, os valores de K também estão aumentando nas vibrações axiais e radiais. Para rolamentos com defeitos nos rolos (Figura 4.16), os valores de K estão na região III (K = 0,5 a 0,2) ou região IV (K = 0,2 a 0,02). Os valores na região IV são para o maior tamanho de rolo único testado com defeito (rolamento B7) e para dois defeitos em rolos (rolamento B8). A região III é indicativa da presença de danos incipientes e a região IV indica danos visíveis, de acordo com Sturm & Kinsky [15]. Assim, os valores de K são indicadores bastante bons de defeitos nos rolamentos.

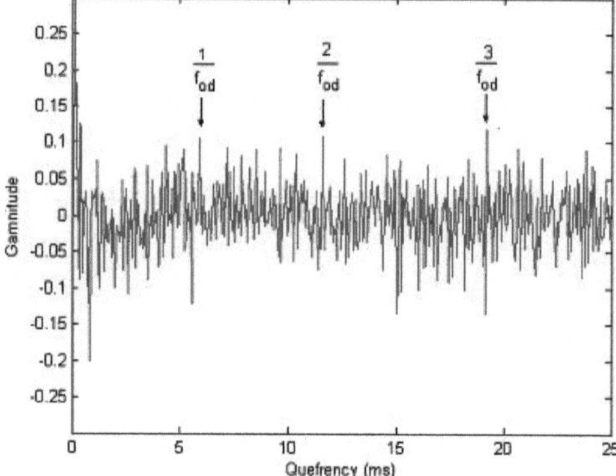

Ilustração 4.17: Ceptro de vibração axial para rolamento de rolos cônicos com defeito de pista externa

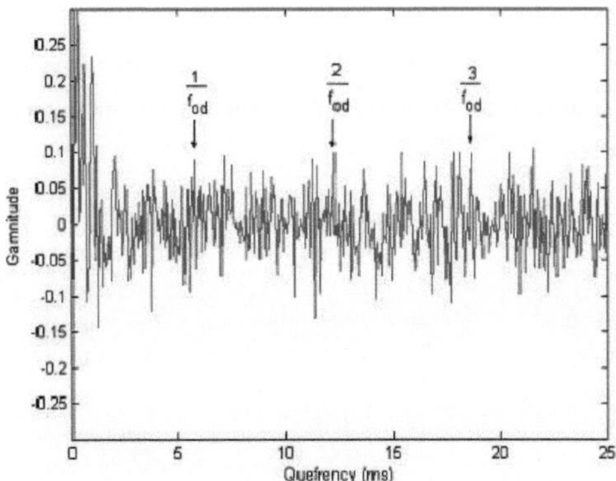

Ilustração 4.18: Ceptro de vibração radial para rolamento de rolos cônicos com defeito de pista externa

4.3.8 Análise Cepstrum

Para rolamentos de rolos cônicos com defeito da pista externa, o cepstra de vibração axial e radial indica picos maiores correspondentes à freqüência do defeito da pista externa e sua rahmônica (Figuras 4.17 & 4.18). Cepstra similar foi observado para todos os rolamentos testados para defeitos da pista externa. Os picos relacionados com a frequência de defeitos da pista externa não são os maiores picos, mas indicam a periodicidade dos impulsos no sinal de vibração. Para rolamentos de rolos cônicos com defeito de rolo, o cepstra de vibração axial indica picos maiores correspondentes à freqüência do defeito do rolo e sua rahmônica (Figura 4.19). Já o ceptro de vibração radial (Figura 4.20) não indica os picos correspondentes à freqüência do defeito do rolo. Além disso, os picos observados na Figura 4.20 são menos claros em comparação com os picos no caso de defeito da pista externa. Porque, os rolos estão continuamente a entrar e a sair da zona de carga. Além disso, eles também estão se movendo com a gaiola e estão rolando sobre as corridas. Um defeito dos rolos produz um impacto apenas quando a superfície defeituosa do rolo bate contra uma corrida na zona de carga. Como resultado, os dados adquiridos indicam picos apenas no estrato ceptico, quando o defeito do rolo atinge a superfície exterior ou interior da pista. Para defeitos na pista externa ou no rolo, o cepstra de vibração axial (Figuras 4.17 e 4.19) foi considerado mais indicativo do defeito do que a vibração radial. Para defeitos multiponto - seja em pista externa ou em rolos (Figura 4.21) - o cepstra não é indicativo de um defeito. Isto pode ser atribuído a um sinal de vibração obtido a partir de impulsos gerados em vários pontos dos defeitos. A posição relativa dos defeitos multiponto pode adicionar ou cancelar um sinal de vibração individual, resultando assim num sinal de vibração melhorado ou fraco. Do acima exposto, verifica-se que

A análise cepstrum só pode ser utilizada para o diagnóstico de defeitos da pista externa em rolamentos de rolos cônicos. Além disso, é útil apenas para indicar a taxa de repetição dos impulsos gerados.

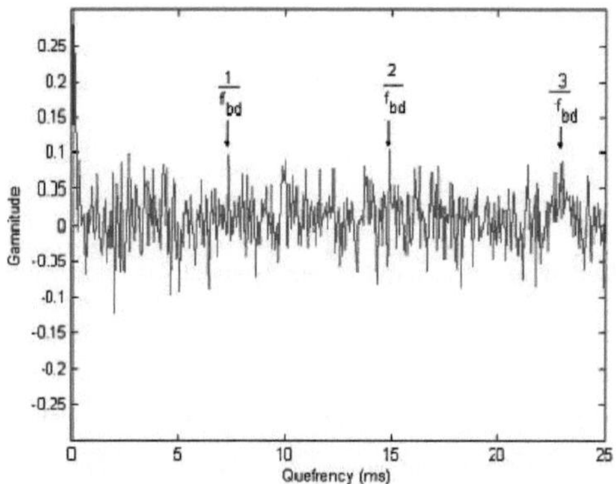

Ilustração 4.19: Ceptro de vibração axial para rolamento de rolos cônicos com defeito de rolo

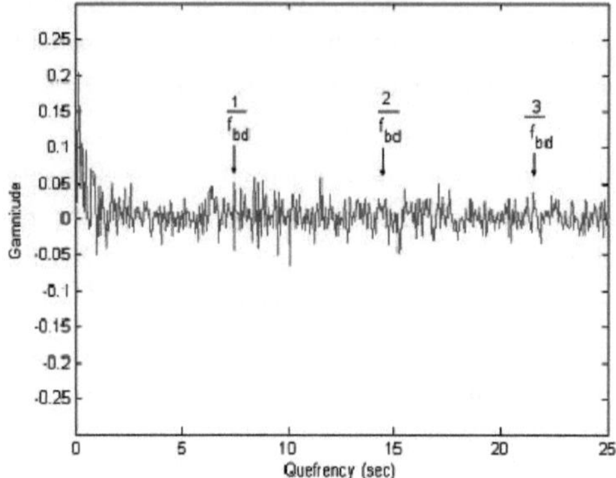

Ilustração 4.20: Ceptro de vibração radial para rolamento de rolos cônicos com defeito de rolo

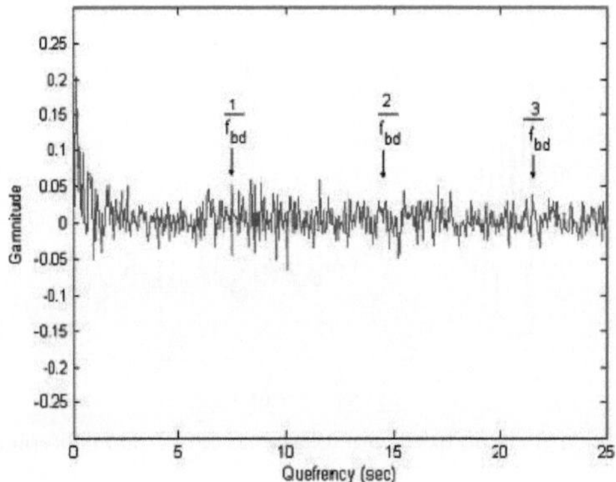

Figura 4.21: Ceptro de vibração radial para rolamento de rolos cônicos com dois defeitos nos rolos

4.4 Análise de Domínio de Frequência

4.4.1 Efeito da carga

Para conhecer o comportamento vibratório dos rolamentos de rolos cônicos, vários conjuntos de observações foram registrados variando a carga radial em etapas de 20 N, de sem carga para 80 N. A carga axial aplicada sobre o rolamento foi mantida constante em 260 N. As figuras 4.22 e 4.23 são os espectros de vibração axial obtidos para o rolamento de teste SKF 32007. A partir dos espectros, observa-se que a carga radial não tem efeito significativo na vibração do rolamento na direção axial ou radial. Gráficos semelhantes também foram obtidos para a vibração radial. Vê-se que o padrão de vibração axial ou radial permaneceu inalterado nas diferentes cargas utilizadas. Além disso, a diferença na magnitude da vibração é muito insignificante com o aumento da carga. Tandon e Nakra [30] e Shindhe [60] obtiveram resultados semelhantes em rolamentos de esferas usando cargas de até 1000 N. Teoricamente, como a carga aumenta o nível de amplitude de vibração do rolamento deve reduzir. Isto porque, a rigidez do rolamento continua a aumentar com o aumento da carga. Nos dados registrados, a redução da amplitude de vibração com o aumento da carga não é tão clara. A razão para isso é que a quantidade de mudança na carga foi menor. Cargas mais elevadas não puderam ser utilizadas devido às limitações da instalação. A aplicação de cargas mais altas exigirá o uso de arranjo de carga hidráulica, o que requer adições na configuração experimental.

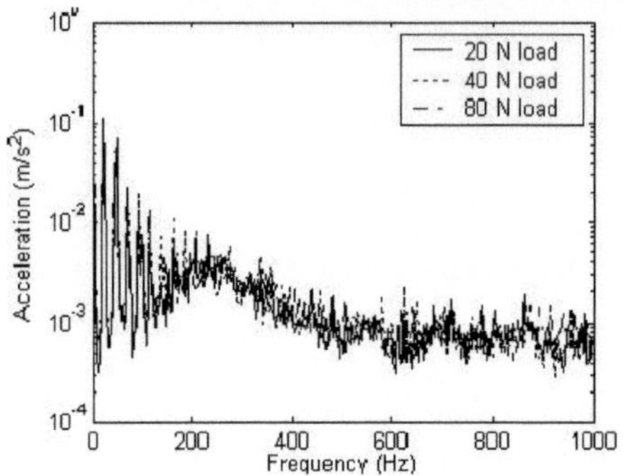

Figura 4.22: Espectros de vibração axial para rolamento 32007 sob diferentes cargas; 0-1 kHz

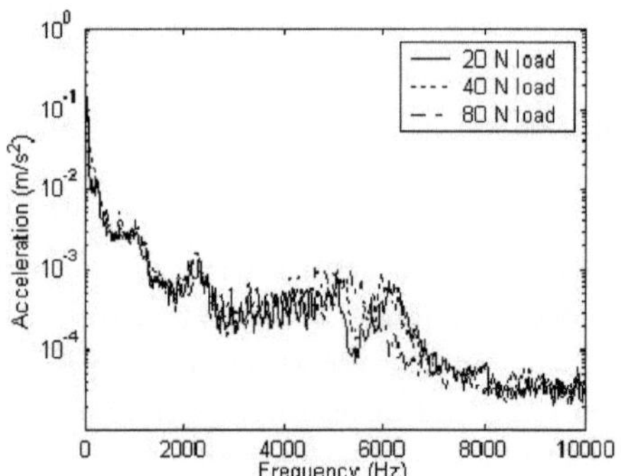

Figura 4.23: Espectros de vibração axial para rolamento 32007 sob diferentes cargas; 0-10 kHz

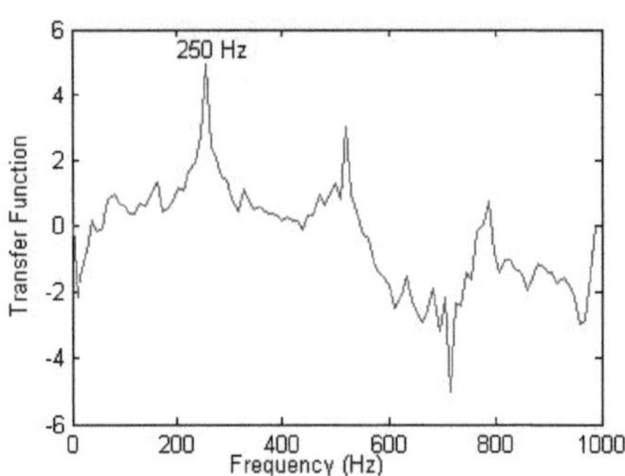

Ilustração 4.24: Função de transferência da força de impacto axial [0-1 kHz]

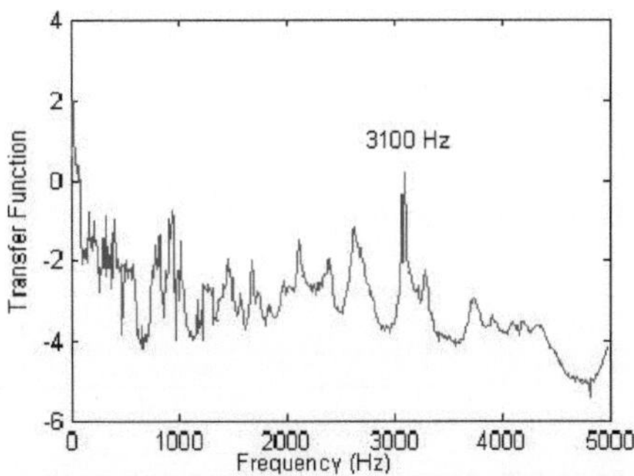

figura 4.25: função de transferência da força de impacto axial [0-5 kHz]

4.4.2 Testes de impacto

Para obter as freqüências naturais do rotor e testar o sistema de rolamentos, o teste de impacto foi realizado com um martelo de impacto. Isto foi realizado para identificar a presença de picos naturais relacionados à freqüência, se houver, nos espectros de rolamentos livres de defeitos e defeituosos. Os detalhes do martelo de impacto são apresentados no Apêndice - II. A caixa do mancal de teste foi impactada nas direções axial e radial. O acelerômetro foi montado no invólucro. As funções de transferência e suas parcelas foram obtidas como indicado em [52]. O procedimento foi repetido para todas as quatro séries de rolamentos de teste. As figuras 4.24 a 4.26 são gráficos de funções de transferência para um dos mancais de teste. Estes gráficos mostram ressonâncias a 250 Hz (Figura 4.24) e 3100 Hz (Figura 4.25) em vibração axial e a 4270 Hz (Figura 4.26) em vibração radial. Estes picos correspondem às freqüências naturais do sistema de rolamentos do eixo. Para confirmar os resultados dos testes de impacto, o eixo foi submetido à excitação por um oscilador. Os detalhes do oscilador são apresentados no Anexo II. A Figura 4.27 mostra o espectro após a excitação na direcção axial. Inicialmente, foi realizada uma análise de varredura, para localizar os picos de freqüência ampla. Mais tarde, foram aplicadas frequências específicas para a excitação para obter os valores exatos das frequências naturais. Para vibração axial (Figura 4.27), a excitação de 3100 Hz produziu grandes picos no espectro. Isto confirma que há uma ressonância a 3100 Hz, como indicado no teste de impacto (Figura 4.25). Da mesma forma, a ressonância na vibração radial foi confirmada pela excitação externa. Observa-se que os resultados dos testes de excitação coincidem bastante com os picos de frequência obtidos pelos testes de impacto.

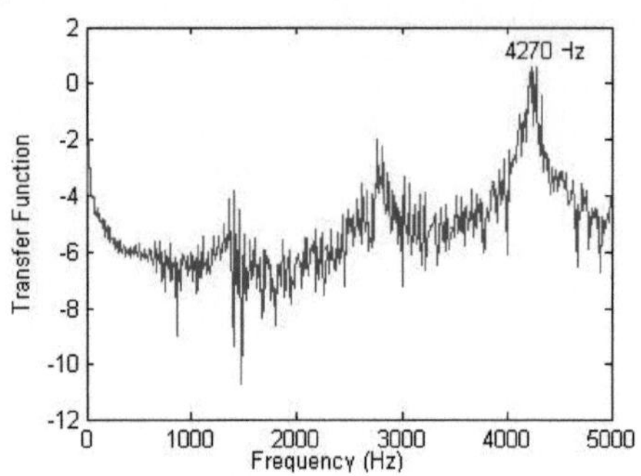

figura 4.26: função de transferência da força de impacto radial

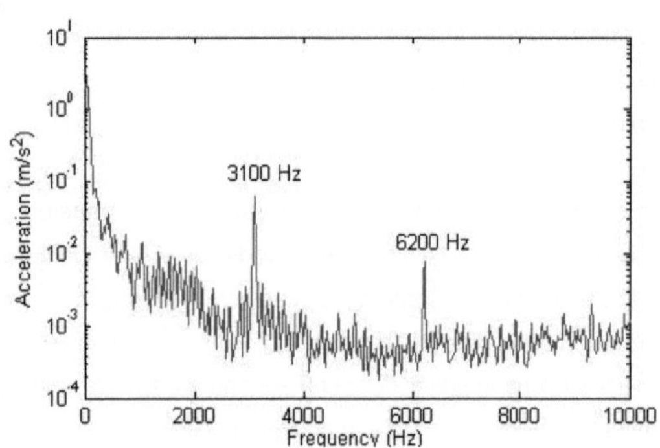

Ilustração 4.27: Espectro de excitação externa no sentido axial

Tabela 4.2: Picos de freqüência principais em diferentes rotações para o mancal 30207

Pico No. →	Picos Axial (Hz)			Picos Radiais (Hz)		
Velocidade (Hz) ↓	23	39	61	23	39	61
1	234	232	234	4512	4395	4277
2	3340	3359	3867	8477	8281	8184
3	6816	6836	6601	-----	-----	-----
4	9160	8593	8867	-----	-----	-----

4.4.3 Características de Frequência

As figuras 4.28 a 4.32 são os espectros de potência de vibração para rolamento de rolos cônicos sem defeitos 30207, a três velocidades diferentes, sob carga axial constante de 260 N e carga radial de 50

N. As figuras 4.28 e 4.29 são os espectros na faixa de frequência de 0-10 kHz, enquanto que as figuras 4.30 a 4.32 são os espectros na faixa de 0-1 kHz. Espectros semelhantes foram obtidos para outros rolamentos de teste. A partir dos espectros de rolamentos livres de defeitos, são observadas as seguintes características.

1. Para rolamentos de rolos cônicos sem defeitos, as vibrações axiais e radiais são diferentes com a mesma velocidade e carga.
2. Nos espectros das Figuras 4.28 e 4.29, há alguns picos importantes que são vistos para as três velocidades de operação. Na vibração axial, quatro picos principais estão presentes em torno de 234, 3300, 6800 e 9000 Hz. Em caso de vibração radial, dois picos principais estão presentes em torno de 4500 e 8200 Hz. Os valores reais dos picos registados são indicados na Tabela 4.2. Estes picos de freqüência não mudam com a velocidade, portanto são independentes da velocidade de rotação do eixo. Os picos independentes da velocidade são diferentes para as vibrações axiais e radiais.
3. O nível geral de vibração para rolamentos normais aumenta com o aumento da velocidade. Isto é natural à medida que a vibração aumenta com o aumento da velocidade.
4. Nas Figuras 4.30 a 4.32, os maiores picos nos espectros de vibração axial e radial são encontrados a mudar, com a mudança da velocidade de rotação do eixo, exceto para o pico a 234 Hz.
5. Nas três velocidades, o primeiro pico principal de vibração axial e radial é o pico na frequência de rotação do eixo.

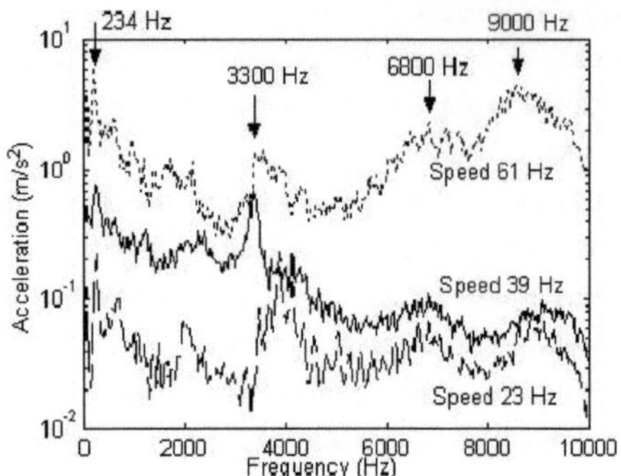

Figura 4.28: Espectros de vibração axial para rolamento de rolos cônicos sem defeitos 30207

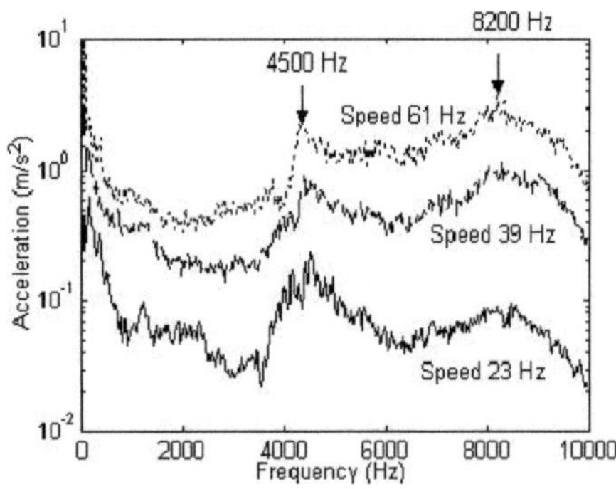

Figura 4.29: Espectros de vibração radial para rolamento de rolos cônicos sem defeitos 30207

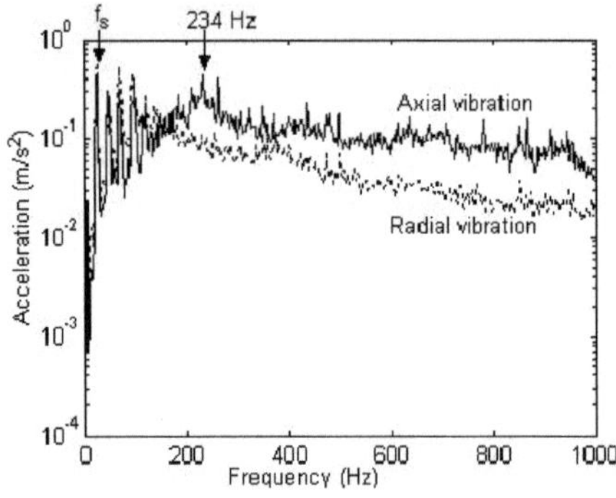

figura 4.30: espectros de vibração para rolamento de rolos cônicos sem defeitos 30207 [a 23 Hz]

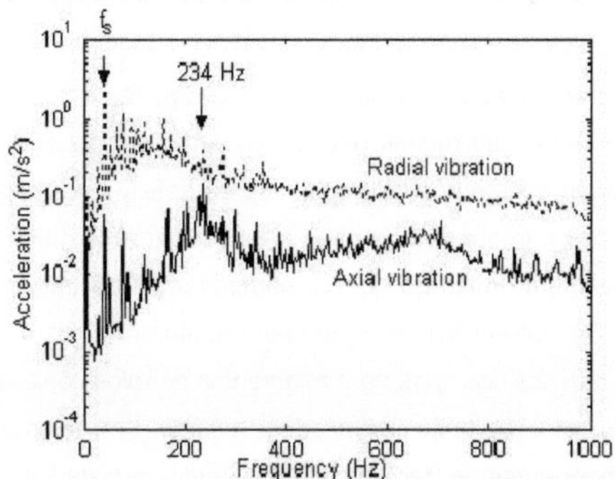

figura 4.31: espectros de vibração para rolamento de rolos cônicos sem defeitos 30207 [a 39 Hz]

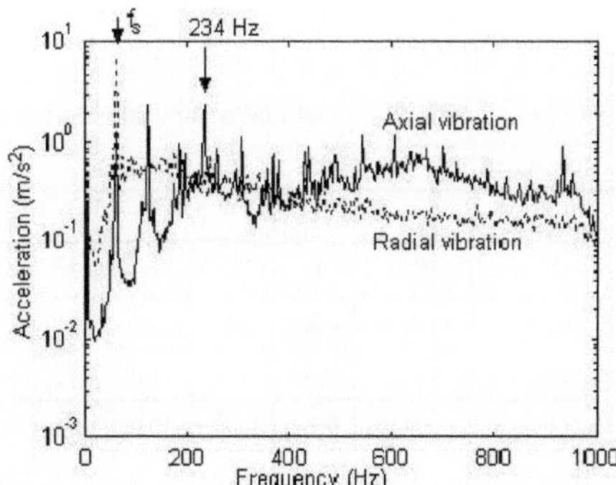

Ilustração 4.32: Espectros de vibração para rolamento de rolos cônicos sem defeitos 30207 [a 61 Hz]

4.4.4 Amplitudes espectrais

As tabelas 4.3 & 4.4 mostram as amplitudes espectrais dos espectros envolvidos para rolamentos livres de defeitos e defeituosos. Na Tabela 4.3, as amplitudes espectrais em uma coluna são normalizadas com as amplitudes correspondentes na freqüência de defeitos da pista externa (*fod*), enquanto na Tabela 4.4 são normalizadas com as amplitudes correspondentes na freqüência de defeitos do rolo (*fbd*). Destas tabelas, para o rolamento de rolos cônicos sem defeito (B0), se observa que:

1. Para vibração axial, tem picos de freqüência maiores em harmônica de freqüência de defeito de pista interna (*2fid*), freqüência de giro de esfera (*fb*), freqüência de defeito de esfera/rolo (*2fb*) e freqüência de defeito de pista externa (*fod, 2fod*), com a maior amplitude em *2fid.*
2. Para vibração radial, tem componentes principais em todas as frequências

características (*fc, fs, fb, fbd, fod e fid*) e seus harmônicos, com a maior amplitude na segunda

harmónica de frequência de gaiola (*2fc*). Os componentes externos de freqüência de defeitos de pista e de roletes (*fod & fbd*) estão em níveis similares, e maiores que os componentes internos de freqüência de defeitos de pista (*fid*). Além disso, os componentes de freqüência de giro e de freqüência de defeito do rolo (*fb & fbd*) são significativamente mais do que os componentes de freqüência de defeito da pista externa. Su, Sheen & Lee [8] também relataram picos similares maiores na freqüência de defeitos dos rolos para rolamentos de rolos cônicos sem defeitos.

3. Do acima exposto, pode-se inferir que mesmo um rolamento sem defeitos apresenta componentes de freqüência relacionados à pista interna, pista externa e defeitos dos rolos. Tal presença de componentes característicos de freqüência em um rolamento sem defeitos foi prevista por diferentes modelos discutidos em [4, 8, 40].

Tabela 4.3: Amplitudes do espectro envelopado para rolamentos com defeitos na pista externa

B	B0		B1		B2		B3		B4		B9	
F↓	A	R	A	R	A	R	A	R	A	R	A	R
f_c	0.13	3.00	0.13	0.10	0.01	0.06	0.04	0.75	0.02	0.01	0.01	0.03
$2f_c$	0.43	29.00	0.63	1.81	0.17	0.50	0.10	1.00	0.02	0.20	0.00	4.27
f_s	0.11	3.00	0.13	0.95	0.01	0.05	0.04	0.75	0.02	0.01	0.03	0.03
$2f_s$	0.09	3.00	0.06	0.95	0.00	0.04	0.02	0.50	0.01	0.01	0.08	0.05
$3f_s$	0.04	2.00	0.06	0.95	0.62	0.02	0.02	0.25	0.01	0.01	0.11	0.05
f_b	1.22	14.00	0.06	0.95	0.51	0.02	0.02	5.50	0.01	0.01	0.58	4.00
f_{bd}	0.15	9.00	0.25	0.05	0.51	0.04	0.15	2.50	0.45	0.23	0.39	3.19
$3f_b$	0.28	13.00	0.50	3.24	0.26	0.02	0.29	2.75	0.03	0.01	1.57	2.95
$2f_{bd}$	1.19	0.00	0.13	0.62	0.04	0.32	0.10	0.25	0.00	0.03	0.11	1.49
f_{od}	**1.00**	**1.00**	**1.00**	**1.00**	**1.00**	**1.00**	**1.00**	**1.00**	**1.00**	**1.00**	**1.00**	**1.00**
$2f_{od}$	1.35	11.00	0.50	4.05	0.72	1.85	0.17	6.00	0.80	0.15	0.66	0.22
$3f_{od}$	0.06	4.00	0.44	1.05	0.23	0.55	0.12	1.75	0.24	0.08	0.03	0.76
$4f_{od}$	0.20	1.00	0.56	0.10	0.01	0.06	0.02	1.25	0.08	0.01	0.08	1.22
f_{id}	0.02	0.00	0.00	0.00	0.00	0.02	0.00	0.00	0.00	0.01	0.02	0.16
$2f_{id}$	1.48	2.00	0.06	0.52	0.02	0.14	0.17	1.50	0.02	0.05	0.33	0.97

(A - Vibração axial, B - Rolamento, F - Frequência, R - Vibração radial, *fb*: Frequência de giro do rolo, *fbd*: Frequência de defeito dos roletes, *fc*: Frequência de gaiola, *fid*:

Frequência de defeito da corrida interna, *fod*: Frequência de defeito de corrida externa, *fs*: Frequência de giro do eixo)

Tabela 4.4: Amplitudes do espectro envelopado para rolamentos com defeitos nos rolos

B	B0		B5		B6		B7		B8		B9	
F↓	A	R	A	R	A	R	A	R	A	R	A	R
f_c	0.88	0.33	0.00	0.50	0.00	0.00	5.50	1.00	0.07	0.00	0.01	0.01
$2f_c$	2.88	3.22	3.75	0.50	14.00	1.00	31.00	7.00	0.13	1.00	0.00	1.34
f_s	0.75	0.33	0.00	0.50	1.00	0.06	5.00	1.00	0.07	0.00	0.07	0.01
$2f_s$	0.63	0.33	0.08	0.50	1.00	0.06	3.00	1.00	0.00	0.00	0.20	0.02
$3f_s$	0.25	0.22	0.08	0.50	2.00	0.06	2.00	2.00	0.00	0.00	0.28	0.02
f_b	8.25	1.56	1.67	3.00	4.00	0.19	23.00	6.00	0.13	2.00	1.49	1.25
f_{bd}	**1.00**	**1.00**	**1.00**	**1.00**	**1.00**	**1.00**	**1.00**	**1.00**	**1.00**	**1.00**	**1.00**	**1.00**
$3f_b$	1.88	1.44	2.83	6.00	2.00	0.19	7.00	9.00	0.67	1.00	4.06	0.92
$2f_{bd}$	8.00	0.00	1.50	1.50	10.00	0.19	16.50	5.00	0.27	3.00	0.28	0.47
f_{od}	6.75	0.11	0.50	1.00	2.00	0.00	51.00	1.00	0.87	1.00	2.58	0.31
$2f_{od}$	9.13	1.22	0.42	2.00	2.00	0.25	9.00	1.00	1.00	3.00	1.69	0.07
$3f_{od}$	0.38	0.44	0.17	0.50	1.00	0.00	73.50	0.00	0.33	0.00	0.08	0.24
$4f_{od}$	1.38	0.11	0.08	1.00	2.00	0.00	8.50	0.00	0.00	1.00	0.21	0.38
f_{id}	0.13	0.00	0.08	0.00	1.00	0.06	0.50	1.00	0.00	0.00	0.06	0.05
$2f_{id}$	10.00	0.22	0.17	0.50	4.00	0.06	2.00	3.00	0.27	1.00	0.33	0.31

(A - Vibração axial, B - Rolamento, F - Frequência, R - Vibração radial, *fb*: Frequência de giro do rolo, *fbd*: Frequência de defeito dos roletes, *fc*: Frequência da gaiola, *fid*::Frequência do defeito da corrida interna, *fod*: Frequência de defeito de corrida externa, *fs*: Frequência de giro do eixo)

No caso de rolamentos de rolos cônicos com defeitos na pista externa (B1 - B4), os vários picos de freqüência observados são mostrados nos espectros envolvidos nas Figuras 4.33 a 4.35. A partir destas figuras e da Tabela 4.3 é possível observar isso:

1. Os espectros envolventes dos rolamentos com pista externa defeituosa indicam claramente a freqüência do defeito da pista externa (*fod*) e seus harmônicos com faixas laterais, como mostrado nas Figuras

   4.33 a 4.35. A *forragem* ou seus componentes estão dominando os espectros (Tabela 4.3). Para a vibração axial, o primeiro harmónico é dominante, enquanto que para a vibração radial, o primeiro ou o segundo harmónico é dominante.
2. Também para o rolamento com dois defeitos na pista externa (B4), os picos correspondentes a *forragem* são dominantes.
3. Para a vibração axial, a frequência de rotação da esfera (*fb*) e seus harmônicos estão presentes, mas seus níveis de amplitude são inferiores a 50% do pico

principal dos espectros (Tabela 4.3). Também, a freqüência da gaiola (*fc*) e seus componentes harmônicos são muito pequenos e decrescem com o aumento do tamanho do defeito.

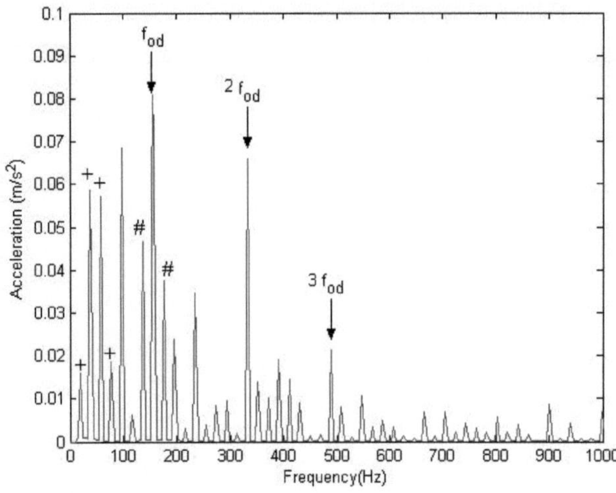

Figura 4.33: Espectro de vibração axial para rolamento defeituoso com um defeito na pista externa. (*forragem*): Freqüência do defeito de corrida externa, + : Freqüência do eixo *(fs)* e seus harmônicos, #: *fod±fs*)

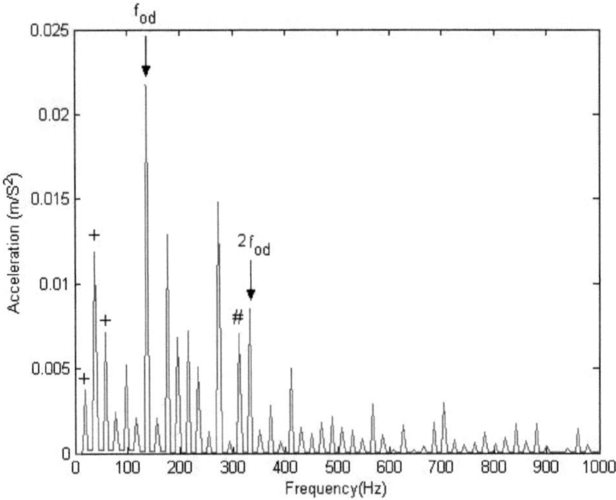

Figura 4.34: Espectro de vibração radial para rolamento defeituoso com um defeito na

pista externa. (*fod*:: freqüência do defeito da pista externa, +: freqüência do eixo (*fs*) e seus harmônicos, #: *fod±fs*)

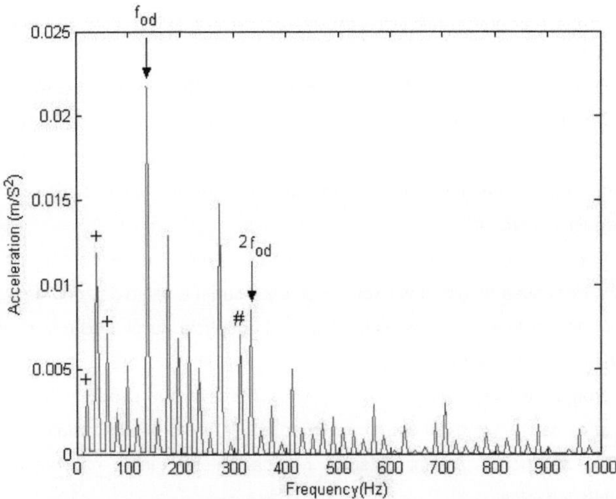

Figura 4.35: Espectro de vibração radial para rolamento defeituoso com dois defeitos da pista externa. (*forragem*): Frequência do defeito da pista externa, + : Frequência do eixo (*fs*) e seus harmônicos, #: *fod±fs*)

4. Para o rolamento B9 (com um defeito cada um na pista externa e no rolo), o componente de freqüência do defeito da pista externa é dominante para a vibração axial (Tabela 4.3). Mas, na vibração radial, os harmónicos de rotação dos rolos (*fb*) e de frequência de defeito dos rolos (*fbd*) são mais do que a frequência de defeito da pista externa (*fod*) e os seus harmónicos. Assim, o espectro de vibração radial mostra a presença de defeito do rolo e a vibração axial mostra a presença de defeito da pista externa - mesmo que o rolamento esteja tendo ambos os defeitos. Isto pode ser devido à presença / ausência de rolo defeituoso na zona de carga no momento da aquisição de dados para a vibração radial / axial. Quando o rolo defeituoso está na zona de carga, *fbd* e seus harmônicos são dominantes, e quando o rolo defeituoso se move para fora da zona de carga, apenas *fod* e seus harmônicos são dominantes. Porque, o defeito da pista externa está sempre na zona de carga e a sua posição não muda.

Em caso de defeitos nos rolamentos de rolos cônicos com defeitos nos rolos (B5 - B8), os vários picos observados são mostrados nos espectros envolvidos das Figuras 4.36 & 4.37 e as amplitudes espectrais dos vários componentes de freqüência são dadas na Tabela 4.4. A partir destas figuras e da Tabela 4.4, observa-se que:

1. Para defeitos em rolos, os espectros envolvidos indicam claramente os picos correspondentes à frequência de rotação do rolo (*fb*) e frequência de defeitos em rolos (*fbd*) e seus harmónicos, com bandas laterais como mostrado nas Figuras 4.36 & 4.37.

2. Para o rolamento com dois defeitos em um rolo (B8), o maior componente de freqüência é o segundo harmônico de freqüência de defeitos do rolo (*2fbd*), com os principais componentes em *fb* e *fbd*. Para defeitos em rolos, obtemos menos níveis de amplitude na freqüência de defeitos em rolos (*2fbd*) e seus harmônicos, devido às seguintes razões:

a) Os rolos têm um movimento giratório e ao mesmo tempo estão se movendo com a gaiola. Por causa do giro dos rolos, os defeitos saem e saem da zona de carga. Os espectros mostram os picos mais altos na freqüência de giro do rolo quando um dos defeitos está na zona de carga.

b) A diferença de fase entre os dois impactos, faz com que sua amplitude se anule parcialmente, como explicado por McFadden [47], no modelo matemático para defeitos multiponto. Assim, obtemos uma amplitude menor na freqüência dos defeitos dos rolos.

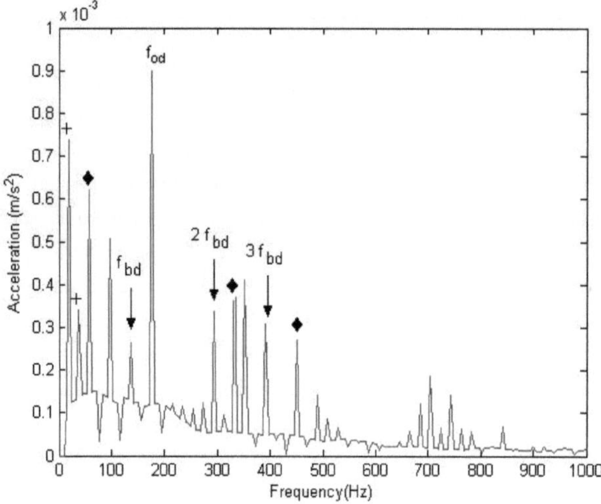

Figura 4.36: Espectro de vibração radial para rolamento defeituoso com um rolo defeituoso.
(*fbd*: Frequência de defeitos do rolo, *fb*: Freqüência de giro do rolo, + : Freqüência do eixo (*fs*) e seus harmônicos, ♦: *fbd ± fb*)

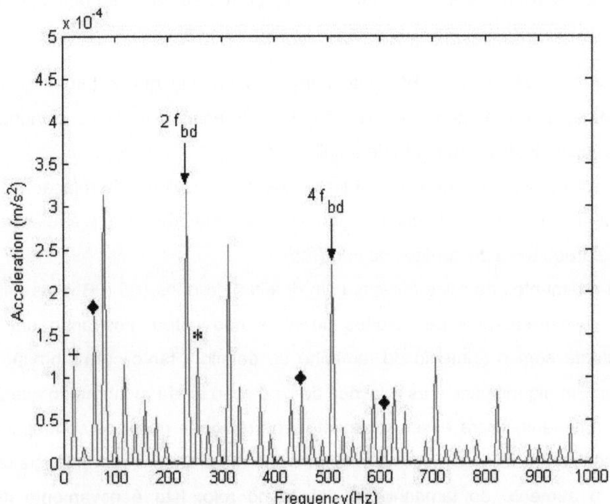

Figura 4.37: Espectro de vibração radial para rolamentos defeituosos com dois rolos defeituosos. (*fbd*: Frequência de defeitos no rolamento, *fb*: Frequência de rotação do rolo, ♦ : *fbd* ± *fb*)

4.4.5 Relação de Pico

Para cada tipo de rolamento de rolos cônicos testado, as relações de pico foram calculadas e estão listadas na Tabela 4.5. As relações de picos nos espectros envolvidos foram calculadas em duas frequências de defeitos, ou seja, frequência de defeitos da pista externa (*fod*) e frequência de defeitos dos rolos (*fbd*). Isto significa que mesmo que um rolamento estivesse tendo apenas um defeito na pista externa, as relações de pico também foram calculadas na frequência de defeito do rolo e vice-versa. A partir da Tabela 4.5, verifica-se que:

1. O rolamento de rolos cônicos sem defeito (B0) está tendo relações de pico mais altas relacionadas à freqüência de defeitos dos rolos (*fbd*) do que aquelas para a freqüência de defeitos da pista externa (*fod*). Isto é observado tanto nos registros de vibração axial como radial. Tendência similar é visível também em amplitudes espectrais (Tabela 4.3 e 4.4).
2. Para rolamentos de rolos cônicos com defeitos da pista externa (B1 a B4), as relações de pico para a freqüência de defeitos da pista externa aumentam com o aumento do tamanho do defeito. Isto é observado tanto para as vibrações axiais como radiais. Para estes rolamentos (B1 até B4), também se observa que as relações de picos correspondentes à freqüência de defeitos dos rolos são menores do que aquelas para rolamentos sem defeitos. Além disso, as relações de picos

para *fbd* estão aumentando continuamente com o aumento do tamanho do defeito da pista externa, embora eles estejam abaixo do nível de

rolamento sem defeitos (B0). Isto porque, à medida que o tamanho do defeito aumenta, há um aumento no nível geral de vibração, e todos os componentes de freqüência mostram aumento de amplitudes.

3. Para rolamentos com defeitos da pista externa, os valores da relação de picos na freqüência de defeitos da pista externa (*fod*) são maiores do que a relação de picos para a freqüência de defeitos do rolo (*fbd*).
4. Para rolamentos de rolos cônicos com defeitos de rolos (B5 a B8), as relações de pico para freqüência de defeitos de rolos não estão mostrando um aumento constante com o aumento do tamanho do defeito - tanto para vibração axial ou radial. Em alguns casos, as relações de picos são ainda menores do que as de um bom rolamento. Para esses rolamentos, as relações de picos correspondentes à freqüência de defeitos da pista externa estão mostrando uma tendência crescente, com o aumento do tamanho do defeito no rolo. Isto é novamente devido ao aumento global da vibração devido ao aumento do tamanho do defeito.
5. Para rolamentos com defeitos nos rolos, as relações de pico na frequência de defeitos dos rolos (*fbd*) são superiores às relações de pico na frequência de defeitos da pista externa (*fod*).
6. Para o rolamento com um defeito cada um na pista externa e no rolo (B9), os dados de vibração axial e radial indicam, respectivamente, apenas a pista externa e os defeitos do rolo, mesmo que ambos os defeitos estejam presentes. A vibração axial está dando maiores relações de pico para *fodas*, enquanto a vibração radial mostra maiores relações de pico para *fbd.*

Tabela 4.5: Razões de pico (PR) na frequência de defeito da corrida externa e frequência de defeito do rolo

Test	Axial vibration		Radial vibration	
Bearing↓	PR at f_{od}	PR at f_{bd}	PR at f_{od}	PR at f_{bd}
B0	20.34	28.33	12.77	26.76
B1	36.25	13.29	16.8	17.11
B2	27.8	18.3	19.7	18.38
B3	42.54	20.44	27.16	22.82
B4	50.03	22.28	59.16	11.32
B5	8.21	15.88	3.8	17.94
B6	12.8	32.99	7.4	25.89
B7	26.25	27.49	18.74	10.28
B8	28.09	22.09	29.5	41
B9	17.55	10.3	11.7	19.84

(*fbd*: Roller defect frequency, *fod*: Outer race defect frequency)

4.5 Detecção de Defeitos

A eficácia de vários parâmetros de tempo e frequência são avaliados para o diagnóstico de defeitos localizados em rolamentos de rolos cônicos. A tabela 4.6 mostra a comparação da eficácia de vários parâmetros que foram utilizados para o diagnóstico de defeitos. A detecção de defeitos destes parâmetros é classificada como "Bom / Justo / Mau" dependendo do seu desempenho para o diagnóstico de rolamentos de rolos cônicos, que é dada nas secções 4.3 e 4.4. Para um defeito em pista ou rolo - se um parâmetro indicou claramente esse defeito, então a detectabilidade é "Bom", se o defeito foi indicado apenas em alguns casos, então a detectabilidade é "Justo" e se o defeito não foi indicado de todo, então a detectabilidade é "Ruim". A tabela 4.6 mostra que no domínio do tempo, forma de onda, fator de forma, parâmetro K e cepstrum são bons indicadores de defeito para defeitos de pista externa em rolamentos de rolos cônicos. Enquanto que a curtose, o fator de crista e a inclinação são bons para a detecção de defeitos nos rolamentos de rolos. Para defeitos combinados, o pico a vale, fator de crista, assimetria e curtose são considerados eficazes para o diagnóstico de defeitos. No domínio da frequência, o espectro envolto é considerado um bom método para a detecção de defeitos. Enquanto que no domínio da frequência, a relação dos picos é considerada boa apenas para a detecção de defeitos de raça externa. Assim, a Tabela 4.6 apresenta uma base para o diagnóstico de defeitos em rolamentos de rolos cônicos.

Tabela 4.6: Comparação da detectabilidade de defeitos dos parâmetros do domínio tempo & frequência

Defect →	Outer race		Roller		Combined
Bearing →	B1-B3	B4	B5-B7	B8	B9
Parameter↓	Single point	Multi point	Single point	Multi point	Multi point
Peak to valley	Fair	Fair	Fair	Fair	Good
Waveform	Good	Good	Fair	Fair	Fair
RMS level	Fair	Fair	Fair	Good	Fair
Crest Factor	Poor	Poor	Good	Poor	Good
Form Factor	Good	Good	Poor	Good	Poor
Skewness	Fair	Poor	Good	Poor	Good
Kurtosis	Poor	Poor	Good	Good	Good
Parameter K	Good	Good	Fair	Good	Fair
Cepstrum	Good	Good	Poor	Poor	Fair
Enveloping	Good	Good	Good	Good	Good
Peak Ratio	Good	Good	Fair	Fair	Poor

4.6 Interface do computador

Como descrito no Capítulo 2, a interface mostrada na Figura 2.1 não tem características de diagnóstico. Esta interface foi modificada para incluir nele a análise cepstrum e características de diagnóstico. A interface modificada aparece como mostrado na Figura 4.38 e o fluxograma da interface modificada é mostrado na Figura 4.39. Os dados de vibração do rolamento são a entrada para a interface e podem estar em qualquer uma das seguintes formas de arquivo: *.txt, *.mat, *.bin, *. lta e *. adt.

Os seguintes recursos foram adicionados na Interface do Computador mostrada na Figura 4.38:

- Além da forma de onda e do espectro, ele pode exibir o ceptrum do sinal carregado.
- Ele calcula e exibe os parâmetros de diagnóstico - nível de RMS, pico a vale, fator de crista, fator de forma, obliquidade, curtose, parâmetro K, freqüência no pico do espectro (Spectrum Pk (Hz)) e freqüência no pico do cepstrum (Cepstrum Pk (Hz)). Os parâmetros do domínio do tempo são exibidos para o sinal bruto de entrada e também para o sinal de passagem de banda. Enquanto que, os picos do cepstrum e do espectro são exibidos apenas quando o cepstrum ou o espectro é obtido pressionando os respectivos botões para POWER CEPSTRUM ou FFT.
- Dependendo dos valores dos parâmetros de diagnóstico, é exibida uma mensagem indicativa sob o título "Indicação". Esta mensagem é ou "Defeito" ou "Nenhum Defeito" para os parâmetros de domínio temporal. No caso de cepstrum ou pico de espectro, a Indicação dá o nome de componente de frequência correspondente, como por exemplo: BPFO (Ball Pass Frequency Outer race), BSF (Ball spin Frequency), FTF (Fundamental Train Frequency), etc. Se o cepstrum ou pico do espectro não corresponder a nenhuma das frequências características, então é dada uma indicação de "No Match".
- Com base nos parâmetros de tempo ou domínio de frequência acima mencionados, exibe uma mensagem de diagnóstico em cada etapa do processamento do sinal.
- Para o diagnóstico utilizando parâmetros de domínio temporal, uma matriz de diagnóstico é obtida a partir dos valores destes parâmetros. Essa matriz compara os parâmetros de diagnóstico do rolamento de teste com os do rolamento livre de defeitos e aparece como mostrado abaixo.

$$DiagMat = \left[\frac{RMS_a}{RMS_g}, \frac{Peak_a}{Peak_g}, \frac{CF_a}{CF_g}, abs(Skewness), \frac{Kurtosis_a}{Kurtosis_g}, \frac{ParaK_a}{ParaK_g}, \frac{FF_a}{FF_g}\right]$$

Onde, subscrições a e g significam valores reais e bons de rolamento. Na matriz acima, CF é o fator de crista e FF é o fator de forma. Qualquer elemento da matriz "DiagMat" maior que 1 indica falha quando um determinado parâmetro é utilizado. Portanto, se todos os elementos forem maiores do que 1, o rolamento está definitivamente defeituoso. Se nenhum elemento for maior do que 1, então o rolamento certamente está livre de defeitos. Se alguns elementos

são maiores que 1, o diagnóstico não é certo. O uso de múltiplos parâmetros para o diagnóstico ajuda a evitar falsos diagnósticos. Usando esta lógica, a interface exibe as seguintes mensagens contra "DIAGNÓSTICO" (Figura 4.38).

1) "O "BEARING IS DEFECTIVE", se cinco ou mais elementos do "DiagMat" forem mais de 1.
2) "BEARING MAY BE DEFECTIVE", se o número de elementos superior a 1 estiver no intervalo de dois a quatro.
3) "NORMAL DE BEM", se um ou zero elemento for maior que 1.

- Para fins de diagnóstico, especialmente utilizando o nível RMS e o valor de pico a vale, os valores correspondentes para um rolamento sem defeitos são necessários para serem inseridos pelo usuário. O usuário é solicitado a inserir esses valores na janela pop up ao carregar um sinal de vibração. A janela pop-up mostrada na Figura 2.2 é modificada para aquela mostrada na Figura A.8. Este recurso de edição dos valores de referência para diagnóstico cuida da variação nos níveis de vibração dos próprios rolamentos bons, pois é possível inserir os valores para um determinado rolamento sob observação. Para outros parâmetros, são assumidos os seguintes valores para um bom rolamento: Fator de crista
= 6 [16], curtose = 3 [20, 22, 23], obliquidade = 0 [20, 23], parâmetro K = 0,5 [15]. Embora, os valores dos parâmetros mencionados acima sejam para rolamentos de esferas, assume-se que estes também são válidos para rolamentos de rolos cônicos. Referindo-se aos dados registrados, o valor máximo do fator de forma foi tomado como 5 para um bom rolamento, pois o valor do fator de forma para um rolamento sem defeitos não pôde ser encontrado na literatura.

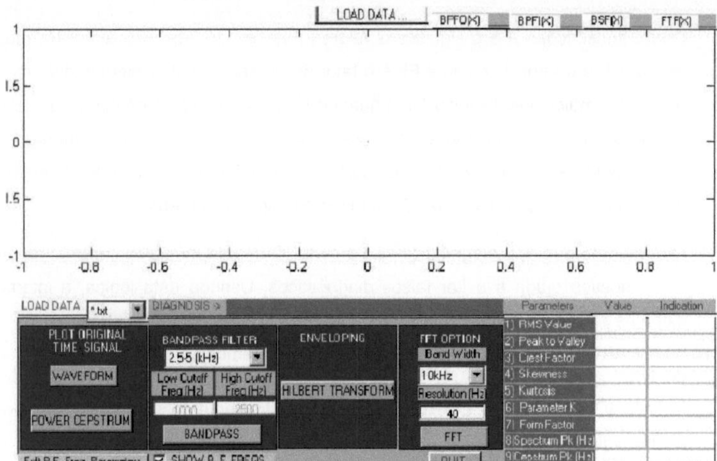

figura 4.38: interface do computador

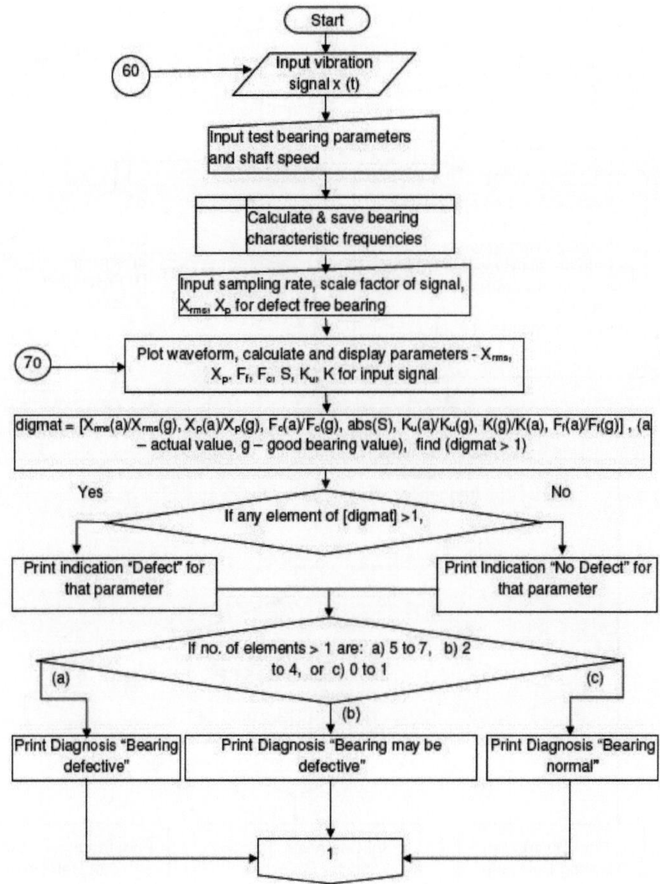

figura 4.39: fluxograma da interface do computador

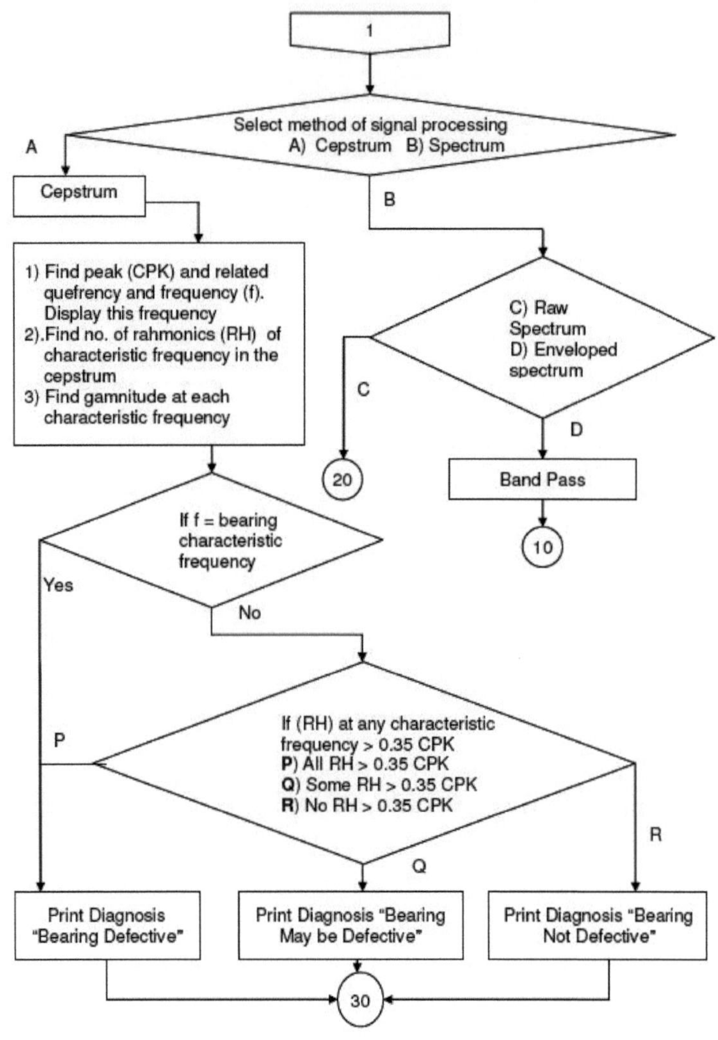

Figura 4.39: Fluxograma da Interface do Computador - Parte 2

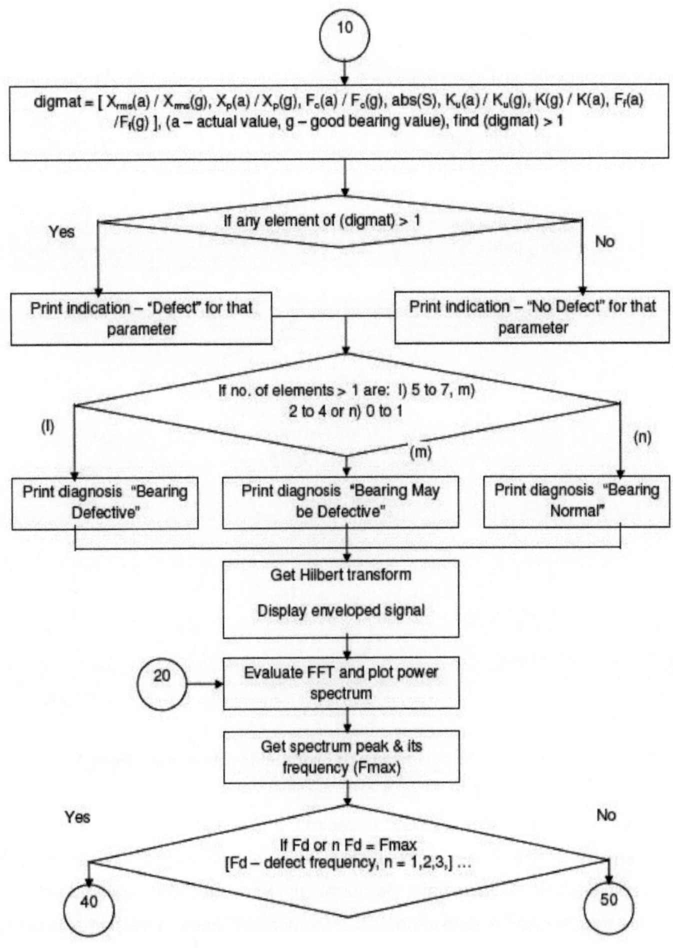

Figura 4.39: Fluxograma da interface do computador - Parte 3

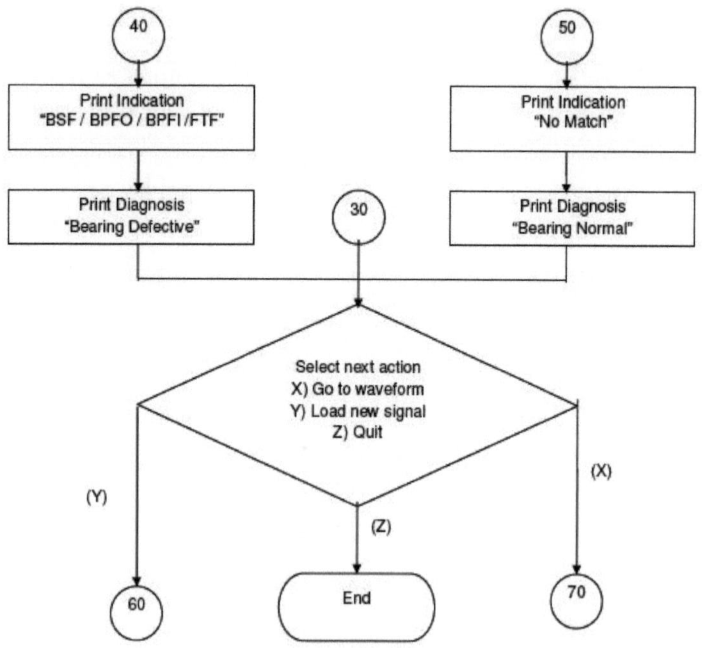

Figura 4.39: Fluxograma da interface do computador - Parte 4

- Para o diagnóstico usando espectro, a interface verifica se existe uma correspondência entre a freqüência do pico do espectro e as freqüências características do rolamento. Se houver uma correspondência com qualquer uma das freqüências de defeitos ou seus harmônicos, então essa parte específica do rolamento é exibida como danificada contra DIAGNÓSTICO (Figura 4.38). Caso contrário, a mensagem "NO DEFECT" é exibida.
- Para o diagnóstico utilizando o cepstrum, a interface verifica primeiro se existe uma correspondência entre alguma das frequências características do rolamento e a frequência correspondente ao pico do cepstrum. Se for encontrada uma correspondência, então essa parte específica do rolamento é diagnosticada como danificada. Se não houver correspondência entre a freqüência característica e a freqüência correspondente ao pico do estrato cefálico, a interface descobre o

número de rahmônicos de cada freqüência característica nos dados de entrada. Em seguida, ela verifica se a rahmônica em

A frequência característica de rolamento está acima de 35 % da gamnitude máxima do cepstrum. Esta relação empírica é derivada dos dados experimentais e também dos gráficos do cepstrum apresentados na literatura [25]. Se todos os rahmônicos correspondentes à freqüência de defeitos particulares estão satisfazendo os critérios, então essa parte específica do rolamento é diagnosticada como danificada. Se algumas das rahmónicas correspondentes a uma determinada frequência de defeitos estão a satisfazer os critérios, então um diagnóstico - "Indicação de (Corrida Externa / Corrida Interna / Rolo / Gaiola) Defeito" é apresentado. Se nenhuma rahmônica relacionada à freqüência característica estiver satisfazendo os critérios, uma mensagem de diagnóstico "NO DEFECT" é exibida.

4.6.1 Funcionamento da interface do computador

Um CD (Compact Disc) contendo os arquivos MATLAB para a Interface do Computador mostrados na Figura 4.38 foi anexado junto com esta tese. Para executar a interface, os arquivos no CD precisavam ser copiados no PC do usuário. O procedimento passo a passo para executar a interface foi incluído no CD sob a forma de um arquivo . pdf e também é dado no Apêndice - IV.

Para testar as operações de interface, foi utilizado um sinal sintético, mostrado na Figura 2.4. Usando o sinal sintético, o sinal de saída envolvido e o respectivo diagnóstico é mostrado na Figura 4.40. O diagnóstico mostra um defeito na pista interna, pois os dados fornecidos para um rolamento (Figura 2.3) dão uma frequência de defeito na pista interna de 41 Hz, que está muito próxima da frequência de pulso do sinal sintético de 40 Hz (Figura 2.4).

Para testar a interface para o sinal de vibração real do rolamento, os dados reais registrados foram usados como entrada para a interface. As figuras 4.41 a 4.44 mostram os resultados obtidos para forma de onda de tempo, forma de onda de sinal de passagem de banda, espectro envolvido e análise cepstrum para um sinal real. A forma de onda na Figura 4.41 diagnostica o defeito do rolamento utilizando os parâmetros do domínio do tempo. Os parâmetros que indicam o defeito são mostrados em "Indicação" com o título "Defeito". Da mesma forma, na Figura 4.42, o rolamento defeituoso é diagnosticado. O espectro envolvido na Figura 4.43 diagnostica o defeito da pista externa e também indica a correspondência de BPFO (Ball pass frequency outer race) sob o título "Indication" contra o parâmetro "Spectrum Pk (Hz)". Da mesma forma, o cepstrum na Figura 4.44 mostra um diagnóstico de defeito com a frequência de correspondência como BPFO.

A aplicação de uma interface de computador para o diagnóstico de falhas nos rolamentos é mostrada nas Figuras 4.40 a 4.44. Isto demonstra a utilidade da interface para o diagnóstico de falhas no rolamento. A aplicação desta interface aos dados experimentais mostrou que a detecção de defeitos foi a melhor utilizando parâmetros do domínio do tempo, seguidos por envelopes

espectros. O diagnóstico usando o cepstrum não foi preciso. Já o uso do sinal sintético mostrou diagnóstico correto usando parâmetros de domínio de tempo e espectros envoltos.

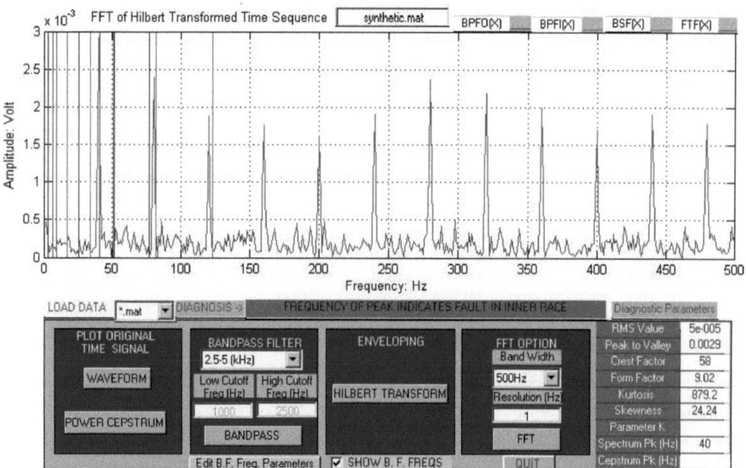

Figura 4.40: Espectro envelopado e diagnóstico utilizando sinal sintético da Figura 2.4

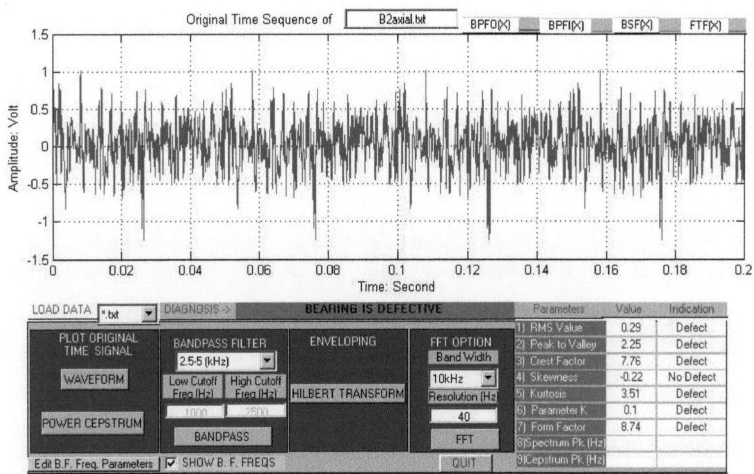

Figura 4.41: Forma de onda temporal e diagnóstico de rolamento de ensaio com defeito de pista externa

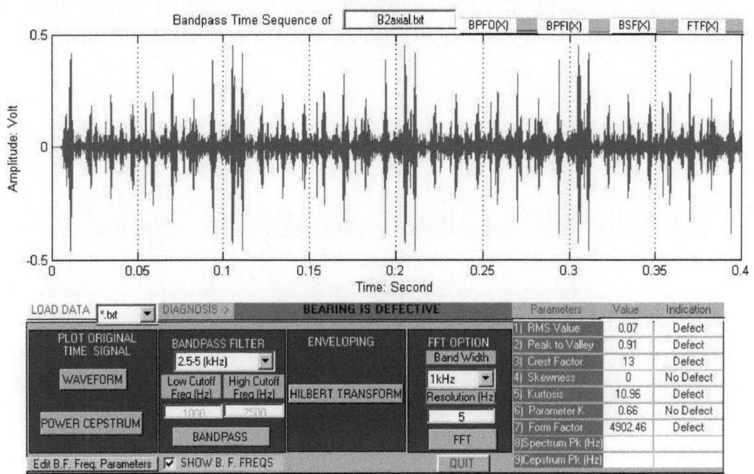

Ilustração 4.42: Forma de onda do sinal de passagem de banda e diagnóstico para sinal da Figura 4.41

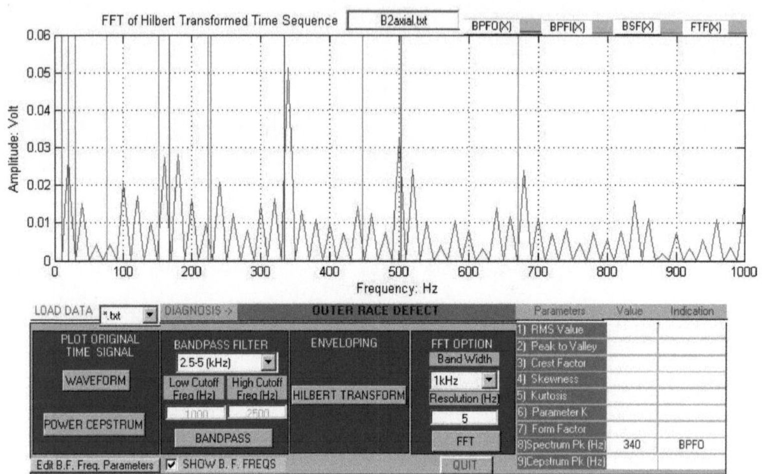

Figura 4.43: Espectro envelopado e diagnóstico do sinal da Figura 4.41

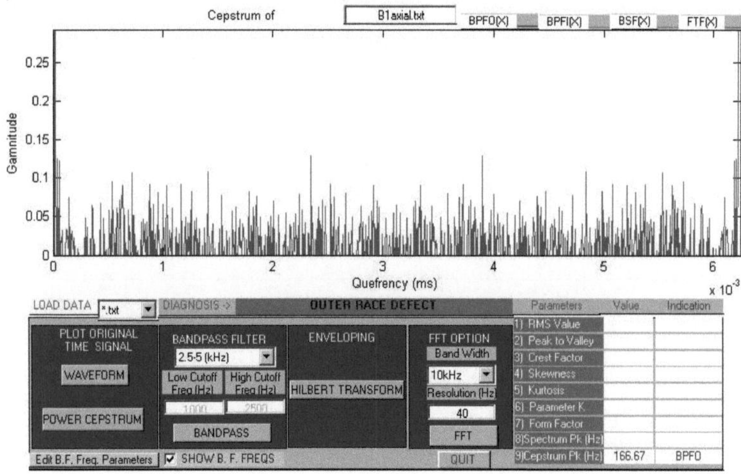

Figura 4.44: Cepstrum e diagnóstico utilizando o sinal real do rolamento de teste

4.7 Análise Estatística dos Dados de Vibração

Liang et al. [33] utilizaram o método de regressão linear para encontrar a eficácia de características de vibração e medição acústica como valor de pico, rms, etc. para o diagnóstico de defeitos de rolamentos (Figura 4.45). É mencionado que a variação vertical para um determinado tamanho de defeito representa um intervalo de confiança para as medições. Assim, para qualquer parâmetro medido (valor de pico, rms, etc.), uma determinada medida tinha uma janela de precisão na previsão da largura do defeito. É ainda referido que, a intercepção em Y da linha de melhor ajuste representa o nível de ruído do sistema. Isto afeta diretamente a sensibilidade. O método de regressão linear utilizado por Liang et al. [33] foi aplicado aos dados experimentais adquiridos durante este trabalho e deu resultados comparáveis. Um desses gráficos de regressão para o valor rms dos dados de vibração apresentados anteriormente na Figura 4.5 é mostrado na Figura 4.46. Tal comparação também pode ser feita para outros parâmetros como: valor de pico, fator de crista, curtose, etc. Os gráficos de regressão como mostrado nas Figuras 4.45 - 4.46 e discutido por Liang et al. [33] quando plotados com os valores dos parâmetros de vibração em volts no eixo Y e tamanhos de defeitos em microns no eixo X podem fornecer a sensibilidade da detecção de defeitos em volts/micron do parâmetro de vibração particular e seu intervalo de confiança em micron-1.

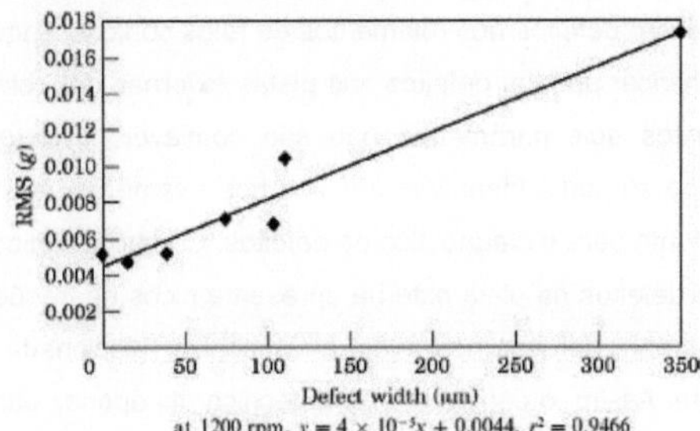

Figura 4.45: Relação RMS para danos na raça externa [33]

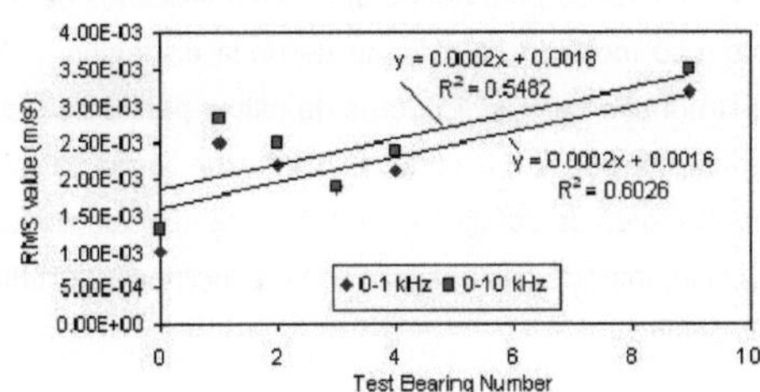

Ilustração 4.46: Relação RMS para danos na corrida externa para os dados de vibração axial mostrados na Ilustração 4.5

CAPÍTULO 5

CONCLUSÕES

Com base nos resultados experimentais discutidos no capítulo anterior, são tiradas conclusões para as características de vibração e diagnóstico de falhas nos rolamentos de rolos cônicos. Estas conclusões estão listadas neste capítulo.

5.1 Análise do Domínio do Tempo para Diagnóstico de Defeitos

A partir dos vários parâmetros de domínio de tempo usados para o diagnóstico de defeitos dos rolamentos de rolos cônicos, o parâmetro K é encontrado como um parâmetro confiável. Valores mais altos de pico a vale e níveis de aceleração RMS indicam a presença de defeitos pontuais nos rolamentos de rolos cônicos, mas não são úteis para obter informações sobre o tamanho do defeito. O fator de crista é considerado útil apenas para identificar defeitos nos rolamentos de rolos cônicos, enquanto que o fator de forma poderia identificar apenas defeitos nas pistas externas dos rolamentos de rolos cônicos. Portanto, estes dois parâmetros não são confiáveis para o diagnóstico de defeitos. A deformação só podia identificar defeitos nos rolamentos e a curtose não era um parâmetro consistente para o diagnóstico de defeitos. O estrato cônico dos rolamentos de rolos cônicos com defeitos na pista externa apresenta picos na freqüência de defeitos e na rahmônica. Mas, para defeitos nos rolos, a rahmónica relacionada com os defeitos não é vista claramente. Assim, o cepstrum é uma técnica útil apenas para a detecção de defeitos na pista externa dos rolamentos de rolos cônicos.

A eficácia de vários parâmetros de domínio temporal foi avaliada para o diagnóstico de defeitos localizados em rolamentos de rolos cônicos. A Tabela 4.6 mostra a comparação da eficácia de vários parâmetros que foram utilizados para o diagnóstico de defeitos. Esta comparação mostra que a forma de onda do tempo, o fator de forma, o parâmetro K e o cepstrum são bons indicadores de falhas para defeitos de pista externa em rolamentos de rolos cônicos. Já a curtose, o fator de forma, o fator de forma e o cepstrum são bons indicadores de defeitos em rolamentos de rolos cônicos. Para defeitos combinados, o pico a vale, fator de crista, assim como a inclinação e curtose, são eficazes para o diagnóstico de defeitos.

5.2 Análise de Domínio de Frequência para Diagnóstico de Defeitos

1) Para rolamentos de rolos cônicos, as frequências de vibração axial e radial são

diferentes.

2) A vibração acima de 1 kHz contém picos correspondentes aos picos independentes da velocidade, que são devidos à ressonância no sistema de rolamentos do eixo.
3) A vibração abaixo de 1 kHz contém picos dependentes da velocidade.
4) Para rolamentos com defeitos de ponto único ou multi-ponto na pista externa ou rolos, os espectros de vibração envolvidos são mostrados como úteis no diagnóstico de defeitos. Defeitos de tamanho pequeno, da ordem de 0,15 mm, também são detectados pela análise do envelope.
5) Os defeitos na pista externa ou nos rolamentos de rolos cônicos são indicados pelas freqüências de defeitos correspondentes ou suas harmônicas com a maior magnitude nos espectros. Faixas laterais em torno das freqüências de defeitos também estão presentes nos espectros.
6) A relação de picos ajuda a identificar defeitos na pista externa, para rolamentos de rolos cônicos.

Como visto na Tabela 4.6, a análise de aceleração envolvida é boa na detecção de defeitos para todos os rolamentos testados. Mas, não há um único parâmetro de domínio de tempo que seja bom para todos os defeitos dos rolamentos. O parâmetro K é bom para detectar a pista externa e defeitos combinados (pista externa + rolo) e justo para defeitos do rolo. Assim, entre os vários parâmetros de domínio de tempo utilizados, o parâmetro K é o parâmetro mais adequado para detectar defeitos em rolamentos de rolos cônicos.

Uma aplicação tão ampla dos parâmetros do domínio do tempo e da análise do domínio da frequência é apresentada pela primeira vez para os rolamentos de rolos cônicos. Embora os vários parâmetros de diagnóstico do domínio do tempo e da frequência sejam considerados úteis para a detecção de defeitos, será um erro usar um único parâmetro para o diagnóstico do rolamento. As informações de tempo e freqüência precisam ser usadas em conjunto para obter um diagnóstico correto. O sistema baseado em regras desenvolvido como parte desta tese será uma ferramenta prática muito útil para a detecção de falhas em rolamentos de rolos cônicos.

A principal contribuição deste estudo é o desenvolvimento de uma interface informática que faz uso de vários parâmetros do domínio tempo e frequência para a detecção de defeitos. Isto ajuda a evitar falsos diagnósticos. Um diagnóstico tão abrangente para rolamentos de rolos cônicos não foi relatado até agora. Durante este trabalho, utilizando HFRT, um defeito de diâmetro

0,15 mm e profundidade de 0,05 mm podem ser identificados. A detecção de um tamanho tão pequeno de defeito não é relatada para rolamentos de rolos cônicos.

5.3 Âmbito do Trabalho Futuro

O presente trabalho pode ser ampliado nas seguintes linhas.

1. O número de séries de rolamentos de teste pode ser aumentado ainda mais, para cobrir a ampla gama de rolamentos disponíveis.
2. Apenas uma série de rolamentos de rolos cônicos defeituosos foi testada com pista externa e defeitos nos rolos. Outras séries de teste também podem ser usadas, criando falhas nos rolamentos.
3. Na configuração experimental projetada, o acionamento pode ser dado por um motor D.C. para obter qualquer velocidade desejada nos valores selecionados de velocidades máxima e mínima.
4. O arranjo de carga no conjunto pode ser modificado para aplicar carga por cilindros hidráulicos. Isto ajudará na aplicação de cargas mais altas.
5. Técnicas avançadas de processamento de sinais como wavelets podem ser aplicadas para verificar se elas oferecem alguma vantagem sobre os métodos utilizados neste trabalho.
6. Uma base de dados de rolamentos pode ser incluída na interface do computador para que o usuário possa obter facilmente todos os parâmetros do rolamento.
7. A interface do computador precisa da plataforma MATLAB. Isto pode ser modificado para torná-la executável como um software independente.

****

Anexo - I

TESTE DE BARRAS: PARÂMETROS, FREQUÊNCIAS E FOTOGRAFIAS

As freqüências características dos rolamentos foram calculadas através das seguintes fórmulas. As referências utilizadas foram - Harris [5] & Collacot [65, 19]. Nestes cálculos, a corrida externa é assumida como estacionária e a corrida interna como rotativa.

1) $fc = (fs/2) [1 - (d/D) \cos \beta]$

2) $fb = (D/d) (fs) [1 - (d/D)^2 \cos 2\beta]$

3) $fod = Z fc$

4) $fbd = 2 fb$

5) $fid = Z (fs - fc)$

6) $_{fi} = (fs - fc)$

As fórmulas acima precisam de alguns parâmetros geométricos de rolamentos. Estes parâmetros geométricos são fornecidos na Tabela A.1 e os valores característicos de freqüência são fornecidos na Tabela A.2.

Tabela A.1: Parâmetros Geométricos de Rolamentos de Teste

Rolamento	$_{Di}$ mm	Fazer mm	d = 0,25 ($_{Do}$-Di) mm	D =($_{Do}$ + $_{Di}$) /2 mm	Z	β
SKF 32007	35	62	6.75	48.5	20	16
SKF 30207	35	72	8.00	53.5	17	16
SKF 32008	40	68	7.00	54.00	22	16
SKF 30208	40	80	10.00	60.00	17	16

($_{Di}$: Diâmetro do furo do rolamento, $_{Do}$: Diâmetro externo do mancal, d: Diâmetro do elemento rolante, D: Diâmetro de passo dos rolos no mancal, Z: Nº de rolos, β: Ângulo de contacto)

Tabela A.2: Freqüências características dos rolamentos de teste

Série de Rolamentos	*fs* Hz	*fo* HZ	*fc* Hz	*fb* Hz	*fid* Hz	*forragem de* Hz	*fbd* Hz
SKF 32007	23	00	10.07	87.17	258.60	201.40	174.33
SKF 32007	39	00	17.07	147.8	438.49	341.50	295.60
SKF 32007	61	00	27.7	231.18	685.84	574.17	462.36
SKF 30207	23	00	9.629	66.77	227.3	163.7	133.54
SKF 30207	39	00	16.33	113.22	385.42	277.57	226.44
SKF 30207	61	00	25.54	177.09	602.84	434.16	354.188
SKF 32008	23	00	10.14	92.68	295.88	233.13	185.35
SKF 32008	39	00	17.18	157.15	501.701	395.30	314.30
SKF 32008	61	00	26.88	245.80	784.71	618.30	491.60
SKF 30208	23	00	9.63	66.77	227.30	163.70	133.54
SKF 30208	39	00	16.33	113.22	385.43	277.56	226.44
SKF 30208	61	00	25.54	177.08	602.84	434.16	354.17

(fb) Frequência de rotação do rolo, *fbd*: Frequência de defeito do rolo, *fc*: Frequência de gaiola, *fid*: Frequência de defeitos internos da raça, *fdc*: Frequência de defeitos da gaiola, *fid*: Frequência de defeitos da gaiola Frequência de rotação da corrida externa, *fod*: Frequência de defeito da corrida externa, *fs*: Freqüência de rotação do eixo ou da corrida interna)

Figura A.1: Rolamento de ensaio com defeito da pista externa

Figura A.2: Rolamento de ensaio com defeito do rolo

Anexo - II

ESPECIFICAÇÕES DO APARELHO

As especificações dos instrumentos utilizados no trabalho experimental são apresentadas a seguir:

Cartão de Aquisição de Dados

1. Marca: National Instruments
2. Versão: 4.9
3. Número do dispositivo: 1AT - A2150S
4. Software: LABVIEW programação gráfica

Acelerômetro de medição

1. Marca & Tipo: Brüel & Kjær, Tipo - 4368
2. Sensibilidade de tensão: 3,64 mV/ms-2
3. Sensibilidade da carga: 4,61 pC/ms-2
4. Missa: 30,1 gramas
5. Frequência natural não amortecida : 39 kHz

Acelerômetro de Calibração

1. Marca & Tipo: Brüel & Kjær, Tipo - 4370
2. Sensibilidade de voltagem: 8 mV/ms-2
3. Sensibilidade da carga: 10 pC/ms-2
4. Missa: 54 gramas
5. Frequência natural não amortecida: 16 kHz

Amplificador de Carga

Marca & Tipo: Brüel & Kjær, Tipo - 2635

Célula de carga

1. Marca & Modelo: MAX LOAD, Modelo - SL
2. Capacidade: 1000 N
3. Saída: 2,00 mV/V

Kit Martelo Modally Tuned

1. Marca: Hewlett Packard HP# PZT291M4
2. Modelo: 291M7
3. Gama de Frequências: 8 kHz
4. Gama de martelos: 2200 N
5. Sensibilidade do martelo: 2.3 mV/N
6. Frequência ressonante: 31 kHz
7. Massa do martelo: 0,14 kg
8. Diâmetro da cabeça: 15 mm
9. Diâmetro da ponta: 6,3 mm
10. Comprimento do martelo: 203 mm

Excitador de Vibração

1. Marca: SYSCON
2. Tipo: SI 220
3. Força máxima: 100 N

Oscilador de Potência

1. Marca: SYSCON
2. Tipo: SI 28
3. Gama de Frequências: 0-10 kHz em passos de ±1 dB

Anexo - III

CÁLCULOS DO DESIGN

A configuração experimental mostrada na Figura 3.1 tem várias partes. O desenho de montagem geral desta configuração é mostrado na Figura A.3. A lista de materiais é a indicada na Tabela A.3. Os cálculos detalhados do desenho para as peças principais da montagem experimental são apresentados aqui. Os desenhos detalhados com base nos cálculos estão incluídos nos parágrafos que cobrem o desenho de cada peça.

Principais Parâmetros de Design

O desenho do conjunto foi baseado nos seguintes pressupostos e valores característicos dos materiais utilizados. A velocidade máxima dos rolamentos de rolos cônicos é de cerca de 6000 RPM. Portanto, um limite de velocidade de 6000 RPM foi considerado para os cálculos de projeto. As cargas (axiais e radiais) não foram aplicadas até o máximo permitido, pois verificou-se que o aumento da carga reduz o nível de vibração, devido ao aumento da rigidez do conjunto de rolamentos do eixo. Os cálculos de perda de potência para mancais de apoio e mancais de teste - para velocidade máxima e carga máxima - foram realizados de acordo com [68] e [69]. Salvo especificação em contrário, todos os dados e cálculos de projeto foram baseados nos Dados de Projeto do PSG [68].

- Carga radial máxima = 2500 N
- Carga axial máxima = 1250 N
- Os locais dos rolamentos de apoio são os indicados na Figura A.1.
- Assume-se que a carga radial está agindo no local C como na Figura A.1.
- A carga axial é assumida ao longo da linha central do eixo.
- O material do eixo é tomado como C 30
- Resistência à tração de C 30 = 500 MPa
- Força de rendimento de C 30 = 300 MPa
- Resistência ao cisalhamento de C 30 = 0,5 × 300 MPa = 150 MPa

Tabela A.3: Lista de materiais da instalação experimental

Sr. Não.	Nome da peça	Quantidade	Material
1	Motor elétrico trifásico, 1,5 kW, 2880 rpm	1	
2	Eixo	1	Aço C30
3	Rolamento de apoio 6209K	1	
4	Rolamento de apoio 6211K	1	
5	Rolamento de teste, série 4		
6	Bloco de Ameixoeira SN509	1	Ferro Fundido
7	Bloco de Amortecedor SN511	1	Ferro Fundido
8	Capa do adaptador H209	1	
9	Capa do adaptador H211	1	
10	Correia V A1130	1	
11	Polia cónica escalonada Ø 50, 75, 100 e 125 mm	2	Alumínio Fundido
12	Secção do canal 100mm × 50mm × 800 mm de comprimento	2	M. S.
13	Secção do canal 100mm × 50mm × 750 mm de comprimento	2	M. S.
14	Secção do canal 100mm × 50mm × 250 mm de comprimento	2	M. S.
15	Secção angular 25mm × 25mm × 750 mm de comprimento	4	M. S.
16	Secção plana 100mm × 10mm × 340 mm de comprimento	4	M. S.
17	Secção plana 100mm × 10mm × 380 mm de comprimento	1	M. S.
18	Secção plana 100mm × 10mm × 300 mm de comprimento	2	M. S.
19	Secção plana 50mm × 10mm × 340 mm de comprimento	1	M. S.
20	Secção plana 25mm × 5mm × 35mm de comprimento	1	M. S.
21	Secção redonda Ø 40mm × 80 mm de comprimento	1	M. S.
22	Secção redonda Ø 40mm × 375 mm de comprimento	2	M. S.
23	Secção redonda Ø 16mm × 400 mm de comprimento	1	M. S.
24	Secção quadrada 20mm × 20mm × 40 mm de comprimento	1	M. S.
25	Parafusos M8	2	M. S.
26	Parafusos M12	9	M. S.
27	Porcas e arruelas para parafusos M25, M12, M10 e M8	20	M. S.
28	Parafusos Allen M5 × 25 mm de comprimento	16	M. S.

29	Adaptadores de corrida interna para furos de 35 mm e 40 mm	2	M. S.
30	Adaptadores de corrida externa para rolamentos	4	M. S.
31	Tampões adaptadores de corrida externa	4	M. S.

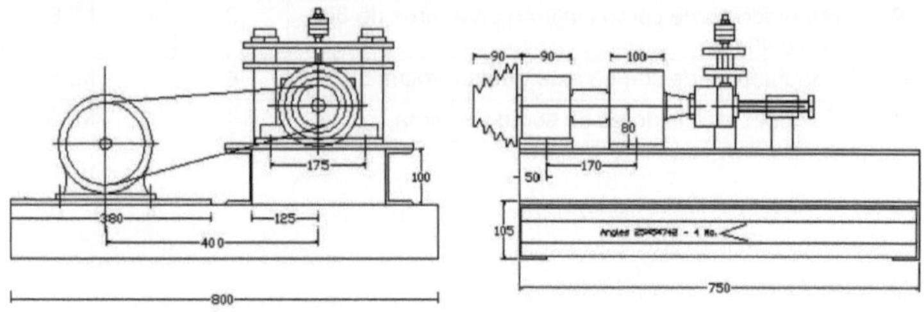

Figura A.3: Desenho de montagem da configuração experimental

- Design Resistência ao cisalhamento para C 30 (τ) = 0,25 × 150 MPa = 37,5 MPa (Fator de segurança é tomado como 4)
- Velocidade máxima de rotação dos rolamentos de teste = 100 Hz (6000 RPM)
- Rolamentos de teste (SKF): 30207, 30208, 32207, 32208

Projeto do Eixo

O projeto do eixo é basicamente governado pela carga radial e axial máxima. A seleção dos rolamentos de apoio é baseada nas dimensões do eixo e nas cargas que atuam sobre ele. A Figura A.4 mostra os detalhes do eixo sob a carga radial e axial máxima. A figura A.4 também mostra as diversas seções nas quais o diâmetro do eixo deve ser verificado. O momento de flexão e os diagramas de força de corte para o eixo também são apresentados. O procedimento de projeto seguido é o indicado em [68, 70, 57].

Ao tomar momentos sobre os pontos A e B, as reacções em A e B são calculadas.

$$R_A = \frac{2500 \times 280}{150} = 4670\ N\ , \qquad R_B = \frac{2500 \times 130}{150} = 2170\ N$$

O eixo é submetido a cargas axiais, radiais e de torção. Portanto, a tensão de cisalhamento do projeto está relacionada ao diâmetro do eixo, como mostrado na equação abaixo.

$$d^3 = \frac{16}{\pi\tau}\sqrt{[K_b\ M_b + \alpha\ P\ d/8]^2 + [K_t\ M_t]^2}. \qquad \text{(A. 1)}$$

Como M_t é muito menor que *Mb*, o termo (Kt_{Mt}) é negligenciado.

Para encontrar diâmetro na secção C, o momento de flexão em C é calculado como,

Mb = 2500 × 74 = 185000 N-mm

$$\alpha = \frac{1}{[1 - 0.0044\ (l/r)]} \qquad \text{(A. 2)}$$

Para $l\ /\ r < 115$, o fator de ação da coluna é dado como [68].

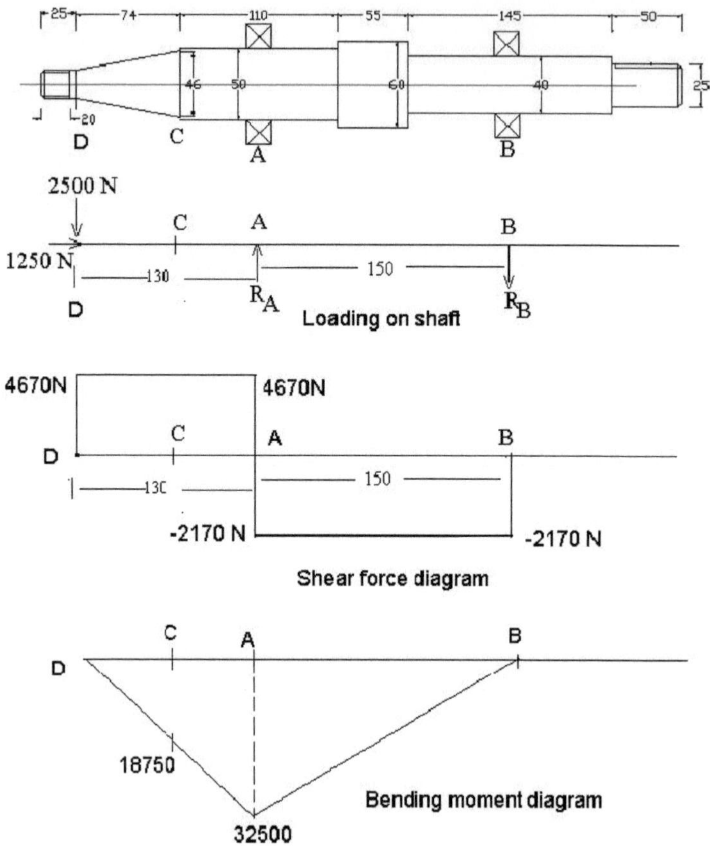

Figura A.4: Diagramas de carga no eixo, força de corte e momento de flexão

Cálculo do diâmetro na secção C:

Agora, l = 99 e r = 23 na secção C, portanto da equação A.2, α = 1.0193.

O fator combinado de choque e fadiga (*Kb*) para o momento de flexão é de 1,5 para um eixo giratório com carga gradual. Colocando todos os valores na equação para d, a partir da equação A.1, obtemos d = 33,89 mm. Substituindo este valor de d no lado direito da equação A.1, a equação é satisfeita. Portanto, o diâmetro mínimo na secção C é de cerca de 34 mm. Um diâmetro de 46 mm é tomado na secção C, o que é bastante seguro.

Cálculo do diâmetro na secção A:

Momento de flexão em A

Mb = 2500 × 130 = 325, 000 N-mm

Aqui, l = 154, r = 25. Portanto, l/r = 6,16, α= 1,028

Tomando Kb = 1,5, obtemos o diâmetro d = 46,63 mm. Assim, o diâmetro de 50 mm que é tomado em A é seguro. Este diâmetro é selecionado considerando a seleção do rolamento de apoio em A e como segurança contra sobrecarga.

Verificar se há carga de fadiga:

O eixo é submetido a uma combinação de cargas axiais e radiais. Consideramos a carga no eixo em flexão inversa considerando a carga radial máxima i.e. 2500 N. O fator de segurança na flexão é dado como,

onde,

$$n_\sigma = \frac{\sigma_{-1}}{K_t \beta_{size} \sigma_b} \quad \text{(A.3)}$$

$$\sigma_b = \frac{M_b \times 32}{\pi d^3} \quad \text{(A.4)}$$

Toma, σ-1 = 0,46, $_{\sigma u}$= 0,46 × 500 = 230 MPa, σ_b= 1,962

Na secção C, as dimensões da mudança de secção transversal são as indicadas na figura A.4. Estas são, D = 50 mm, d = 46 mm. Portanto, D/d = 1,08.

Deixe o raio do filete na mudança de diâmetro rf = 4 mm, depois rf/d = 0,086.

Do gráfico de rf/d versus Kt, o valor de Kt é encontrado em 1,55.

$_{Bsize}$ = 1,22 para diâmetros de eixo na faixa de 45 a 50 mm na dobra.

Substituindo estes valores na equação A.3, obtemos, $_{n\sigma}$= 6.19.

O fator real de segurança n é dado como,

$$n = \frac{n_\sigma n_t}{\sqrt{[n_\sigma^2 + n_t^2]}} \quad \text{(A.5)}$$

Aqui, $_{\sigma b}$= 1.962 usando d como 46 mm. As nt >> $_{n\sigma}$ n = $_{n\sigma}$= 6,19 > 2,15. Por isso o design é seguro.

Verifique a rigidez:

A inclinação e o desvio do eixo em estado carregado podem ser descobertos pelo método de integração gráfica. A inclinação máxima no suporte do rolamento deve ser menor que o desalinhamento angular permitido para rolamentos de esferas utilizados como suporte.

Seleção de rolamentos de apoio

Os parâmetros de design para o rolamento de apoio em A (tomado como 6211K) são os indicados abaixo.

- Carga radial máxima $_{Fr}$= 4670 N

- Carga axial máxima F_a = 1250 N
- Capacidade estática básica C_o = 25500 N
- Capacidade dinâmica básica C =

34000 N Aqui, F_a / C_o = 1250 / 25000 = 0,049

Portanto, da tabela de carga equivalente do rolamento, e = 0,24. Agora, F_a / F_r = 1250 / 4670 = 0,267 > e

Assim, X = 0,56 e Y = 1,8

A carga equivalente (P) é dada como,

$$P = (X F_r + Y F_a) \quad \text{(A.6)}$$

Isto dá P = 4865,2 N

$Pmax$ = 1,3 × P = 6324,7 N

$C / P = 34000/ 6324,7 = 5,375$

Para o valor acima de C / P, referente ao nomograma de vida útil do rolamento, a vida nominal do rolamento selecionado é de 160 milhões de rotações ou 445 horas a uma velocidade de 100 Hz. Considerando o fato de que a configuração não é para funcionar continuamente e a velocidade tomada é a velocidade máxima a que funcionará por poucas horas, a vida útil de 445 horas é satisfatória.

Para o segundo rolamento de apoio em B (6209K), os parâmetros de design são:

- Carga radial máxima Fr = 2170 N
- Carga axial máxima Fa = 1250 N
- Capacidade estática básica Co = 19000 N
- Capacidade dinâmica básica C = 26000 N

$Pmax = F_{rmax} \times 1,3 = 2170 \times 1,3 = 2821$ N

C / P = 5,375 do nomograma de vida do rolamento. Isto dá,

C = 15162,8 N < 26000 que o valor de C para 6209K rolamento. Portanto, este rolamento também satisfaz os critérios.

Perda de Energia em Rolamentos

Estes cálculos [68, 69], são baseados no valor assumido de carga axial máxima (1250 N) e as reacções calculadas nos locais A e B como R_A = 4670 N e RB = 2170 N. A fórmula utilizada é a dada na equação A.7 e os valores calculados são dados na Tabela A.4.

Tabela A.4: Perda de potência em rolamentos com cargas máximas e velocidade de 100 Hz

Rolame nto	Perda de energia (Watts)
Rolamento de apoio 6209K	122
Rolamento de apoio 6211K	238
Rolamento de teste 32007	224
Rolamento de teste 32008	293
Rolamento de teste 30207	287
Rolamento de teste 30208	322

$$M_O = (M_A + MB + MC) \quad (A.7)$$

Da Tabela A.4, a perda máxima de potência para dois rolamentos de apoio e um rolamento de teste (SKF 30208) é de 682 watts. Essas perdas são calculadas de acordo com [69] Acrescentando a essas perdas as perdas de potência no motor e no acionamento por correia, a perda máxima de potência será de @ 900 Watts. Portanto, um motor elétrico de 1,5 kW foi selecionado para a configuração.

Desenho de V - Acionamento por correia

As roldanas utilizadas no eixo do motor e no eixo acionado são roldanas escalonadas de mesmo diâmetro. Os diâmetros são 75 mm, 100 mm, 125 mm e 150 mm. Estas são montadas de forma oposta, de tal forma que 75 mm de diâmetro da polia do motor é oposta a 150 mm de diâmetro da polia do eixo acionado. Como resultado, as proporções de diâmetros de polia acionada para polia motriz são de 2, 1,25,

0,8 e 0,5 respectivamente. Para um acionamento por correia em V, a relação entre a distância central (C) e o diâmetro (D) é recomendada como 1,5 para 2. *C / D* é assumido como 2 aqui. Agora,

$$Cmin = 0.55(D + d) + T \quad (A.8)$$

$$Cmax = 2(D + d) \quad (A.9)$$

Para a correia de secção A, espessura nominal da correia, T = 8 mm

Colocando estes valores de *Cmin* para as quatro diferentes relações de diâmetros, obtemos *Cmin* como

131.75 mm e *Cmax* como 450 mm. Aqui a distância central é assumida como C = 400 mm que está na faixa de projeto. Agora, o comprimento da correia é obtido a partir da relação dada na equação A.10.

$$L = 2C + (\pi / 2)(D + d) + (D - d)^2 / 4C \quad (A.10)$$

Assim, temos L = 1156,94 mm. O tamanho padrão disponível para a correia em V da secção A é 1128 mm. Seleccionando este comprimento da correia de secção A, obtém-se a potência máxima que pode ser transmitida pela correia. Os vários parâmetros envolvidos são,

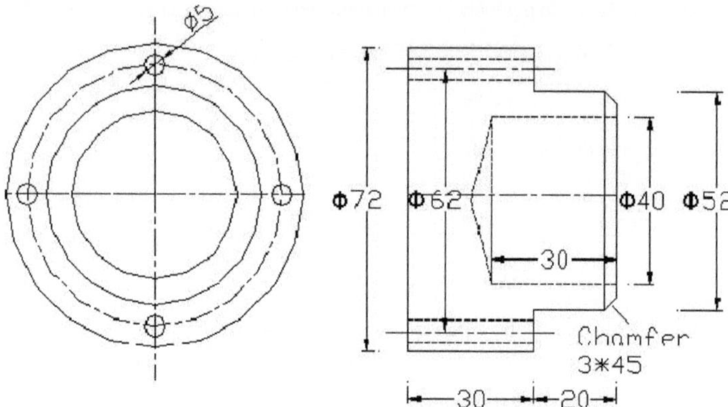

Figura A.5: Tampa em forma de copo

- Factor de correcção Fc = 0,90
- Pequeno diâmetro factor Fb = 1,13 para D/d = 2
- Diâmetro do passo equivalente ($_{de}$) = dp × Fb = 75 × 1,13 = 84,7 mm
  - Velocidade da correia (S) = $\frac{\pi N dp}{60000}$ = 23,56 m/seg

$$kW = [0{,}45\ S\text{-}0^{09} - (19{,}62 / _{de}) - 0{,}765 \times 10\text{-}4\ S2]\ S \qquad (A.11)$$

Isto dá kW = 1,52. Isto significa que apenas uma correia de secção A é suficiente para accionar a polia accionada por um motor de 1,5 kW e 3000 rpm.

Design do Adaptador em forma de copo

A taça foi desenhada tratando-a como uma coluna curta. Esta taça foi submetida a uma carga compressiva máxima de 1250 N. A fórmula Rankine foi usada para desenhar a taça. Os vários parâmetros de desenho são:

- Área (A) do copo resistente ao esmagamento = (522 - 402) = 1104 mm2
- Comprimento da coluna (L) = 50 mm.
- Resistência crítica ou de encurvadura do aço (σc) = 330 MPa
- Constante de Rankine (C) = 1/ 7500 para aço com coeficiente de condição final como 1
- A razão de inclinação (L / r) para o aço é 60 < (L/r) < 120 A carga de encurvadura (Pc) é dada como abaixo.

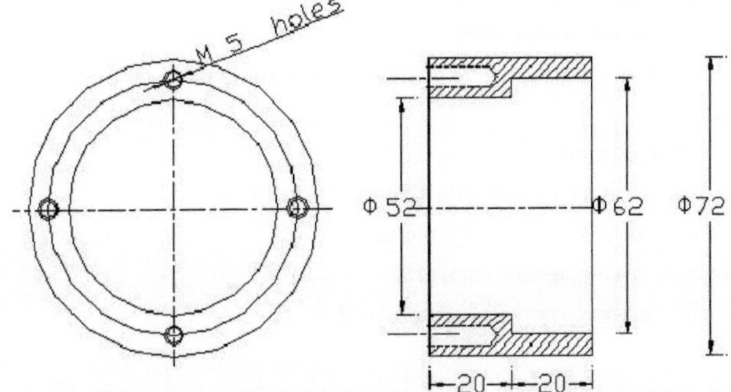

Figura A.6: Adaptador do anel externo para o rolamento 32007

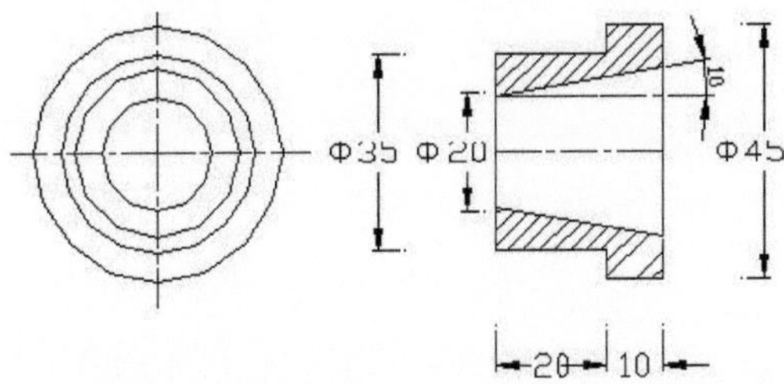

Figura A.7: Adaptador de anel interno para o rolamento 32007

$$P_c = \frac{A\sigma_c}{1+c\left(\frac{L}{r}\right)^2} \qquad \textbf{(A.12)}$$

Usando a equação A.12, obtemos *Pc* = 364 kN. Isto mostra que a carga axial aplicada é muito menor do que a carga de encurvadura calculada. Portanto, o projeto é seguro.

Design do Adaptador do Anel Externo

O adaptador do anel externo está sujeito a tensão de shea r. a área resistente ao cisalhamento é π × 62× 20

= 3895,57 mm2.

Tensão de corte a 1250 N de carga será 1250 / 3895,57 = 0,32 MPa . Isto é muito menos do que a tensão de cisalhamento admissível. Portanto, o projeto é seguro.

Design do Adaptador do Anel Interior

Este adaptador está sujeito a tensões de cisalhamento devido a cargas axiais e radiais. Área resistente ao cisalhamento devido a cargas axiais,

π × 35 × 10 = 1099,55 mm2

Tensão de corte devido à carga axial de 1250 N = 1250 /1099,5 = 1,14 MPa Da mesma forma, para carga radial,

Área resistente ao cisalhamento = (π/4) (352 - 272) = 496 mm2 Tensão de corte induzida = 2500 / 496 = 5.0 MPa

O stress de cisalhamento induzido é muito insignificante. Por isso, o design é seguro.

Anexo - IV

FUNCIONAMENTO DA INTERFACE DO COMPUTADOR

A interface descrita no Capítulo 4 (seção 4.6) precisa de uma plataforma MATLAB e a presente versão foi projetada para funcionar no MATLAB 6.5, Versão 13. Todos os arquivos relacionados a esta interface estão em um CD, que é fornecido junto com esta tese. O procedimento para operar esta interface de computador é o seguinte.

1. Copie a pasta "bearingex" do CD para o PC local.
2. Comece o MATLAB.
3. Mude o diretório de trabalho para "bearingex".
4. Digite bearingex na janela de comando MATLAB. A interface é iniciada e uma tela mostrada na Figura 4.38 aparece no monitor.
5. Selecione o tipo de arquivo de dados a ser carregado clicando no Menu Popup contra LOAD DATA. A interface pode ser lida: ficheiros *.txt, *.mat, *.bin, *. Ita e *. adt.
6. Selecione a opção *.txt para o sinal de vibração real do rolamento ou selecione a opção *.mat para o sinal sintético descrito na Figura 2.4.
7. A interface pede a seleção do arquivo a partir dos arquivos disponíveis em uma janela Abrir arquivo. Selecione um arquivo e clique em OK.
8. Uma janela de Parâmetros de Entrada, como mostrado na Figura A.8, abre-se.
9. Introduza a taxa de amostragem e o factor de escala para o sinal de entrada de dados. Os valores para os sinais de vibração reais dos rolamentos de teste são mostrados na Figura A.8. Para o sinal sintético introduza a Taxa de Amostragem como 4096 × 40. Além disso, introduza o nível RMS e o Nível de Pico de Bom Rolamento nas respectivas caixas. Os parâmetros de dados são necessários para os cálculos da escala de tempo e do FFT. Enquanto que, Bons Parâmetros de Rolamento são necessários para fins de diagnóstico. Pressione OK depois de introduzir os parâmetros necessários.
10. O sinal de hora é exibido na tela. Os valores dos parâmetros de domínio temporal são exibidos em relação a cada parâmetro. As indicações dadas por estes parâmetros estão sob o título "Indicação" e uma mensagem de diagnóstico é mostrada contra "DIAGNÓSTICO! ". A tela aparece como na Figura 4.41.

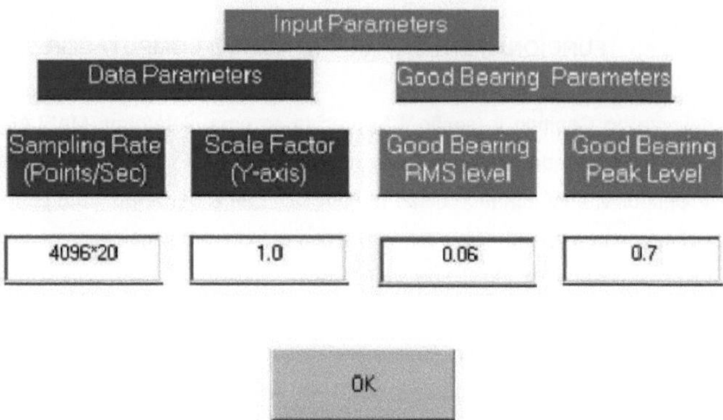

figura A.8: janela de parâmetros de entrada modificados para a interface do computador mostrada na figura 4.38

11. Selecione a gama de filtro passa-banda clicando no menu Popup abaixo do BANDPASS FILTER". Em seguida, clique no botão "BANDPASS". Um sinal de passagem de banda aparece na janela do visor, como mostrado na Figura 4.42.
12. Clique no botão de pressão "HILBERT TRANSFORM" e aparecerá um sinal envolvido, como mostrado na Figura A.9.
13. Antes de proceder ao FFT ou POWER CEPSTRUM, é necessário introduzir os dados sobre a geometria e velocidade do rolamento para o cálculo das frequências características do rolamento e para realizar o diagnóstico. Para isso, clique no botão (Figura 4.38)

    - Rolamento F. Freq. Parâmetros. Aparece uma janela pop up como mostrado na Figura A.10. Introduza os parâmetros do rolamento e a velocidade de operação sob os respectivos cabeçalhos. Estes parâmetros são mostrados na coluna da esquerda da Figura A.10. Os valores calculados das freqüências características são mostrados na coluna da direita.
14. Para obter o espectro, são seleccionadas as teclas "Largura de banda" e "Resolução (Hz)" e depois é premido o botão "FFT". A interface agora exibe o espectro envolvido e o respectivo diagnóstico. Isto é mostrado na Figura 4.43. Para os sinais de teste reais, a resolução pode ser selecionada como 5 Hz e a largura de banda pode ser tomada como 1 kHz para exibir os espectros envelopados. No caso de sinal sintético, a resolução pode ser selecionada como 1 Hz e a largura de banda pode ser tomada como 1 kHz.

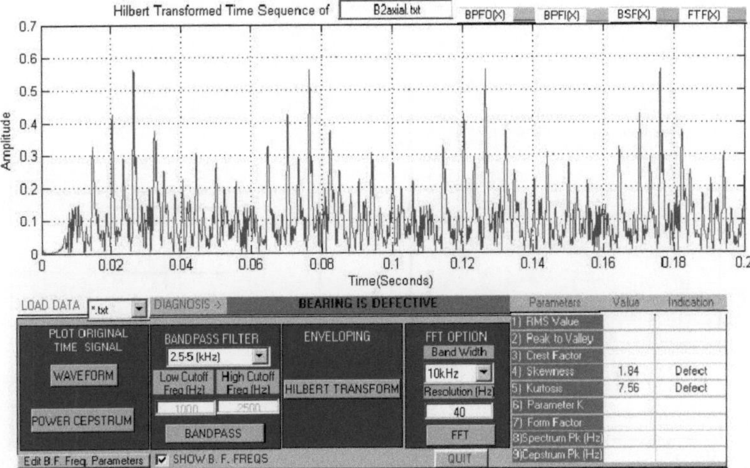

Figura A.9: Interface do computador mostrando sinal envelopado

15 Para obter o cepstrum, clique no botão "POWER CEPSTRUM". O cepstrum é exibido juntamente com o diagnóstico relacionado. Este visor aparece como mostrado na Figura 4.44.

16 Para obter um espectro de vibração bruto após a filtragem da passagem de banda, clique diretamente no botão "FFT" depois de obter o sinal de passagem de banda.

17 A interface também pode exibir um espectro diretamente após a forma de onda, sem filtrar ou envolver o sinal de tempo. Mas, um espectro obtido diretamente do sinal não filtrado não tem utilidade para fins de diagnóstico.

Parâmetros de Rolamento de Elementos Rolantes

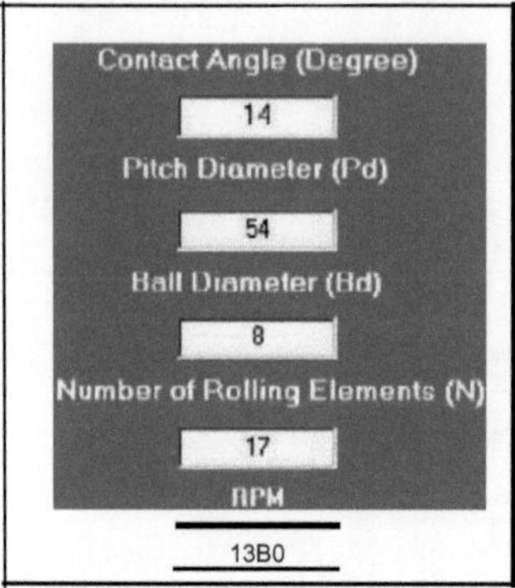

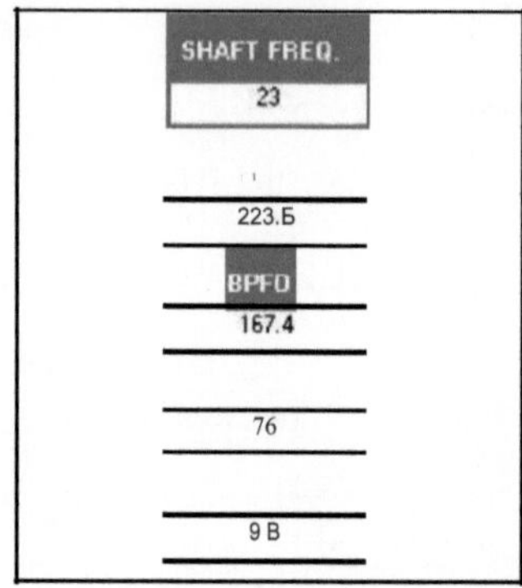

Figura A.1O: Janela de entrada de parâmetros de rolamentos para a interface do computador mostrada na Figura 4.38

REFERÊNCIAS

1. Houghton, P. S. "Rolamentos de esferas e roletes". Applied Science Publishers Ltd., Londres, (1985).
2. Tallian T. "Falha de contato rolante por lubrificação". Journal of Institution of Mechanical Engineers, 182 (3A), (1967).
3. Su, Y. T. e Sheen, Y. T. "Sobre a detectabilidade de danos nos rolamentos por análise de frequência". Proceedings of the Institution of Mechanical Engineers, 207: pp. 23-32, (1993).
4. Su, Y.T., Sheen, Y. T. e Lin M. H. "Signature analysis of roller bearing vibrations: lubrication effects". Proceedings of the Institution of Mechanical Engineers, 206: pp. 193-202, (1992).
5. Harris, T. A. "Rolamentos de Análise". John Wiley and Sons, Nova York, (2001).
6. Sunnersjö, C. S. "Varying compliance vibrations of rolling bearings". Journal of Sound and Vibration, 58(3): pp. 363-373, (1978).
7. Su, Y. T. e Lin, S. J. "On initial fault detection of a tapered roller bearing : frequency domain analysis". Journal of Sound and Vibration, 155(1): pp. 75-84, (1992).
8. Su, Y. T., Lin, M. H. e Lee M. S. "The effects of surface irregularities on roller bearing vibrations". Journal of Sound and Vibration, 165(3): pp. 455-466 , (1993).
9. Barkov, A. e Barkov, N. "Avaliação da condição e predição de vida útil do rolamento de elementos rolantes - Parte 1". Vibroacoustical Systems and Technologies, St. Petersburg, Rússia, (1995).
10. Enquanto M. F. "Rolling element bearing vibration transfer characteristics: effect of rigffness". Transactions of the ASME, Journal of Applied Mechanics, 46: pp. 677-684, (1979).
11. Morando, L. E. "A medição de pulsos de choque é ideal para o monitoramento do estado dos rolamentos". Pulp and Paper, : pp. 96-98 , (Dezembro 1988).
12. Tandon, N. e Choudhury, A. "A review of vibration and acoustic measurement methods for the detection of defects in rolling element bearings". Tribology International, 32: pp. 469- 480, (1999).
13. Harker, R. G. e Sandy, J. L. "Técnicas de monitorização e diagnóstico de rolamentos de elementos rolantes". Transactions of the ASME; Journal of Engineering for Gas Turbines and Power, 111: pp. 251-256, (1989).

14. Li, C. J. e Mckee, K. "Enciclopédia da Vibração": Diagnóstico de Rolamentos". Academic Press London, (2003).
15. Sturm, A. e Kinsky, D. "Diagnóstico das condições de rolamento dos corpos rolantes por meio do monitoramento de vibrações em condições de operação". Medição, 2(2): pp. 58-60, (1984).
16. Govindappa, Krishnappa. "Enciclopédia da Acústica": Monitorização do estado da maquinaria". John Wiley & Sons Inc, (1997).
17. Karimi, M., Tan, A.C.C., Mathew J. e Senadji B. "Detectar falhas de rolamento usando deconvolução cega e técnica de ressonância de alta freqüência". Anais da Terceira Conferência Internacional sobre Engenharia e Tecnologia de Vibração de Máquinas e da 4ª Conferência Ásia-Pacífico sobre Integridade e Manutenção de Sistemas, 1: pp. 476-478, (2004).
18. Rao, B.K.N. "Manual de monitoramento de condições". Elsevier Advanced Technology, Oxford, Reino Unido, (1996).
19. Collacott, R. A. "Monitorização e Diagnóstico das Vibrações". John Wiley and Sons, Nova York, (1979).
20. Honarvar, F. e Martin, H. R. "Novos momentos estatísticos ou diagnósticos de rolamentos de elementos rolantes". Journal of Manufacturing Science and Engineering, 119: pp. 425-432, (1997).
21. Mathew, J. e Alfredson, R. J. "The condition monitoring of rolling element bearings using vibration analysis". Transactions of the ASME, Journal of Vibration, Acoustic, Stress and Reliability in Design, 106: pp. 447-453, (1984).
22. Dyer, D. e Stewart, R. M. "Detecção de danos em rolamentos de elementos rolantes por análise estatística de vibração". Transactions of the ASME, Journal of Mechanical Design, 100 : pp. 229-235 , (1978).
23. Honarvar, F. e Martin, H. R. "Aplicação de momentos estatísticos à detecção de falhas nos rolamentos". Applied Acoustics, 44 : pp. 67-77 , (1995).
24. "Nota técnica: Monitorização da vibração dos rolamentos de elementos rolantes". URL: www.01db.com, (2006).
25. Randall, R. B. "Enciclopédia da Vibração": Análise Cepstrum". Academic Press London, (2003).
26. McFadden, P. D. e Smith, J. D. "Monitorização da vibração dos rolamentos de elementos rolantes pela técnica de ressonância de alta frequência - uma revisão". Tribology International, 17(1): pp. 3-10, (1984).

27. Harris, C. M. "Shock and Vibration Handbook, Fourth Edition". McGraw-Hill, Nova York, (1996).
28. Carter, D. L. "Some instrumentation considerations in rolling bearing bearing condition analysis". URL: vibrotek.com, (2002).
29. McFadden, P. D. e Smith, J. D. "Modelo para a vibração produzida por um único ponto defeituoso em um rolamento de um elemento rolante". Journal of Sound and Vibration, 91(1): pp. 69-82, (1984).
30. Nakra, B. C. e Tandon N. "Detecção de defeitos em rolamentos de elementos rolantes por monitorização de vibração". IE(I) Journal of ME, 73: pp. 271-282, (Jan. 1993).
31. Tse, P. W. , Peng, Y. H. e Yam, R. "Wavelet analysis and envelope detection for rolling element bearing fault diagnosis their effectiveness and flexibilities". Transactions of the ASME, Journal of Vibration and Acoustics, 123: pp. 303-310, (2001).
32. Martin, K. F. e Thorpe, P. "Espectros normalizados na monitorização de elementos de rolamento". Wear, 159: pp. 153-160, (1992).
33. Shiroishi, J., Li, Y., Kurfess, T., Liang, S. e Danyluk, S. "Bearing condition diagnostics via vibration and acoustic emission measurements". Mechanical systems and Signal Processing, 11(5): pp. 693-705, (1997).
34. Newland, D. E. "Wavelet analysis of vibration, Part - I": Teoria". Transactions of the ASME, Journal of Vibration and Acoustic, 116: pp. 409-416, (1994).
35. Newland, D. E. "Wavelet analysis of vibration, Part - II: Wavelet maps". Transactions of the ASME, Journal of Vibration and Acoustic, 116: pp. 417-425, (1994).
36. Rubini, R. e Meneghetti, U. "Aplicação da análise do envelope e da transformada wavelet para o diagnóstico de falhas incipientes em rolamentos de esferas". Mechanical systems and Signal Processing, 15(2) : pp. 287-302, (2001).
37. Gupta, P. K., Winn, L.W. e Wilcock, D. F. "Características vibracionais dos rolamentos de esferas". Transactions of the ASME, Journal of Lubrication Technology,: pp. 284- 289, (Abril 1977).
38. Meyer, L. D., Ahlgren, F. F. e Weichbrodt B. "An analytic model for ball bearing vibrations to predict vibration response to distributed defects". Transactions of the ASME, Journal of Mechanical Design, 102: pp. 205-210, (1980).
39. Choudhury, A. e Tandon, N. "Um modelo teórico para prever a resposta de vibração dos rolamentos a defeitos distribuídos sob carga radial" . Transactions of the ASME, Journal of Vibration and Acoustics, 120: pp. 214-220, (1998).

40. Ohta, H. e Sugimoto, N. "Características de vibração dos rolamentos de rolos cônicos". Journal of Sound and Vibration, 190(2): pp. 137-147, (1996).
41. Yunoki, S. e Tanaka, K. "Ao som de rolamentos de esferas e roletes". NSK Bearing Journal, 602: pp. 1-12, (1954).
42. Yhland, E. M. "Waviness measurement - an instrument for quality control in rolling bearing". Procedimentos do Instituto de Engenheiros Mecânicos, 182: pp. 438- 445, (1967- 1968).
43. Sunnersjö, C. S. "Rolamentos vibratórios - os efeitos das imperfeições geométricas e do desgaste". Journal of Sound and Vibration, 98(4): pp. 455-474, (1985).
44. Tandon, N. e Choudhury, A. "Um modelo teórico para prever a resposta de vibração dos rolamentos em um sistema de rolamentos de rotor a defeitos distribuídos sob carga radial". Transactions of the ASME, Journal of Tribology, 122 : pp. 609-615, (2000).
45. Ono, K. e Okada, Y. "Análise das vibrações do rolamento de esferas causadas pela ondulação exterior da corrida". Transactions of the ASME, Journal of Vibration and Acoustics, 120: pp. 901-908, (1998).
46. Braun, S. e Datner, B. "Análise das vibrações do rolamento de rolos/esferas". Transactions of the ASME, Journal of Mechanical Design, 101: pp. 118-125, (Jan. 1979).
47. McFadden, P. D. e Smith, J. D. "A vibração produzida por defeitos de múltiplos pontos em um rolamento de elementos rolantes". Journal of Sound and Vibration, 98(2): pp. 263-273, (1985).
48. Choudhury, A. e Tandon N. "An analytical model for the prediction of the vibration response of rolling element bearings due to localized defect". Journal of Sound and Vibration, 205(3): pp. 275-292, (1997).
49. Lucht, R. F. e Scanlan, R. H. "Estabelecimento de critérios objectivos que reflictam a resposta subjectiva ao ruído dos rolamentos de roletes". The Journal of the Acoustical Society of America, 44(1): pp. 1-4, (1968).
50. Ho, D. e Randall R. B. "Optimização de técnicas de diagnóstico de rolamentos utilizando sinais de falha simulados e reais dos rolamentos". Mechanical systems and Signal Processing, 14(5): pp. 763-788, (2000).
51. Daddbin, A. e Wong, J. C. H. "Diferentes técnicas de monitoramento de vibrações e sua aplicação em rolamentos de elementos rolantes". International Journal of Mechanical Engineering Education, 19(4): pp. 295-304, (1991).

52. Daddbin, A. e Yuen, W. K. "Projeto de um equipamento de teste para demonstrar o monitoramento da vibração". International Journal of Mechanical Engineering Education, 8(3): pp. 201-209, (1990).

53. Igarashi, Teruo e Hamada, Hiroyoshi. "Estudos sobre a vibração e o som de rolamentos defeituosos; Primeiro relatório: Vibração de rolamentos de esferas com um defeito". Boletim do JSME, 25: pp. 994-1001, (Junho 1982).

54. Tandon N. "Uma comparação de alguns parâmetros de vibração para o monitoramento da condição dos rolamentos de elementos rolantes". Medição, 12: pp. 285-289, (1994).

55. Tandon, N. e Nakra, B. C. "Comparação das técnicas de vibração e medição acústica para o monitoramento da condição dos rolamentos de elementos rolantes". Tribology International, 25(3): pp. 205-212, (1992).

56. Prashad H. "Monitorização da condição dos rolamentos anti-fricção". IE(I) Journal of ME, 69: pp. 65-74, (1988).

57. Wadhwa, M. S. e Vasudevan, P. "Design and Fabrication of Bearing Testing Machine". M. Tech. Dissertation, Reliability Engineering, IIT Bombay, (1993).

58. Patwardhan, M. B. "Estudo de Vibrações em Rolamentos de Elementos Rolantes". M. Tech. Dissertação, Engenharia Mecânica, IIT Bombaim, (1981).

59. Murthy, B.N. "Projeto, Fabricação e Teste de Máquina de Teste de Rolamentos de Elementos Rolantes". M. Tech. Dissertação, Engenharia Mecânica, IIT Bombaim, (1980).

60. Shindhe, K. C. e Malvadkar, C. B. "Study of Effect of Load and Speed on Vibrations of Rolamentos de Elementos Rolantes". M. Técnica. Dissertação, Engenharia Mecânica, IIT Bombay, (1976).

61. Patwardhan, S. N. "Design and Fabrication of Bearing Testing Machine". M. Tech. Dissertação, Engenharia Mecânica, IIT Bombaim, (1972).

62. Mclerny, S. A. e Dai, Y. "Processamento básico do sinal de vibração para detecção de falhas nos rolamentos". IEEE Transactions on Education, 46 : pp. 149-156 , (2003).

63. Brüel & Kjær. "Technical Note: Measuring vibration (Revised 1982)". URL: www.bksv.com, (2005).

64. IRD Mechanalysis (UK) Ltd. "Vibration Technology 2: Advanced Techniques Training Manual". IRD Mechanalysis (UK) Ltd., CHESTER, (1990).

65. Collacott, R. A. "Diagnóstico de Falhas Mecânicas e Monitorização da Condição". Chapman and Hall, Londres, (1977).

66. Bradley, Dan. "Technical Report 139; Introduction to FFT terms and parameters". IRD Mechanalysis Inc., (1990).

67. Jones, B. "Vibrações ajudam a encontrar componentes defeituosos". Machine Design,: pp. 85-88 , (Fevereiro, 1999).
68. PSG College of Technology, Coimbatore. "Dados de Design". DPV Printers Coimbtore, (1987).
69. SKF Bearings Ltd. "Catálogo de rolamentos on line". URL:http://www.skf.com, (2003).
70. Vallace, Alex e Doughtie, V. L. "Design de membros da máquina". McGraw Hill Book Co. Inc., Nova York, (1951).

****

Printed by Books on Demand GmbH, Norderstedt / Germany